KB207086

갈릴레오가 들려주는 별*이야기

시데레우스 눈치우스

이 도서의 국립중앙도서관 출판시도서목록(CIP)은
e-CIP홈페이지(http://www.nl.go.kr/ecip)에서 이용하실 수 있습니다.
(CIP제어번호:CIP2009000872)

SIDEREUS NUNCIUS OR THE SIDEREAL MESSENGER

GALILEO GALILEI

갈릴레오가 들려주는 별 이야기

시데레우스 눈치우스

갈릴레오 갈릴레이 지음 | 앨버트 반 헬덴 해설 | 장헌영 옮김

승산

해설자 소개 **앨버트 반 헬덴**

스티븐스공과대학교 석사, 미국 미시간대학교 역사학 석사,
영국 임페리얼칼리지에서 과학사로 박사학위를 받았다.
고대 및 중세 과학사 연구 및 천문학과 우주론 역사를 연구하고 있으며,
미국 라이스대학교에서 갈릴레오와 그 시대 과학연구를 위한 갈릴레오 프로젝트를 시행 중이다.
현재 미국 라이스대학교 교수로 재직 중이다.

옮긴이 소개 **장헌영**

연세대학교 천문기상학과 졸업 후, 영국 케임브리지대학교에서 박사학위를 받았다.
삼성항공우주연구소 선임연구원으로 재직 후, 1999년부터 2004년까지 고등과학원 조교수로 재직했다.
태양내부 구조 연구, 감마선 폭발체나 블랙홀과 관련된 고에너지 천체물리학 현상을 연구 중이며, 현재 경북대학교 천문대기과학과 교수로 재직 중이다.

차례

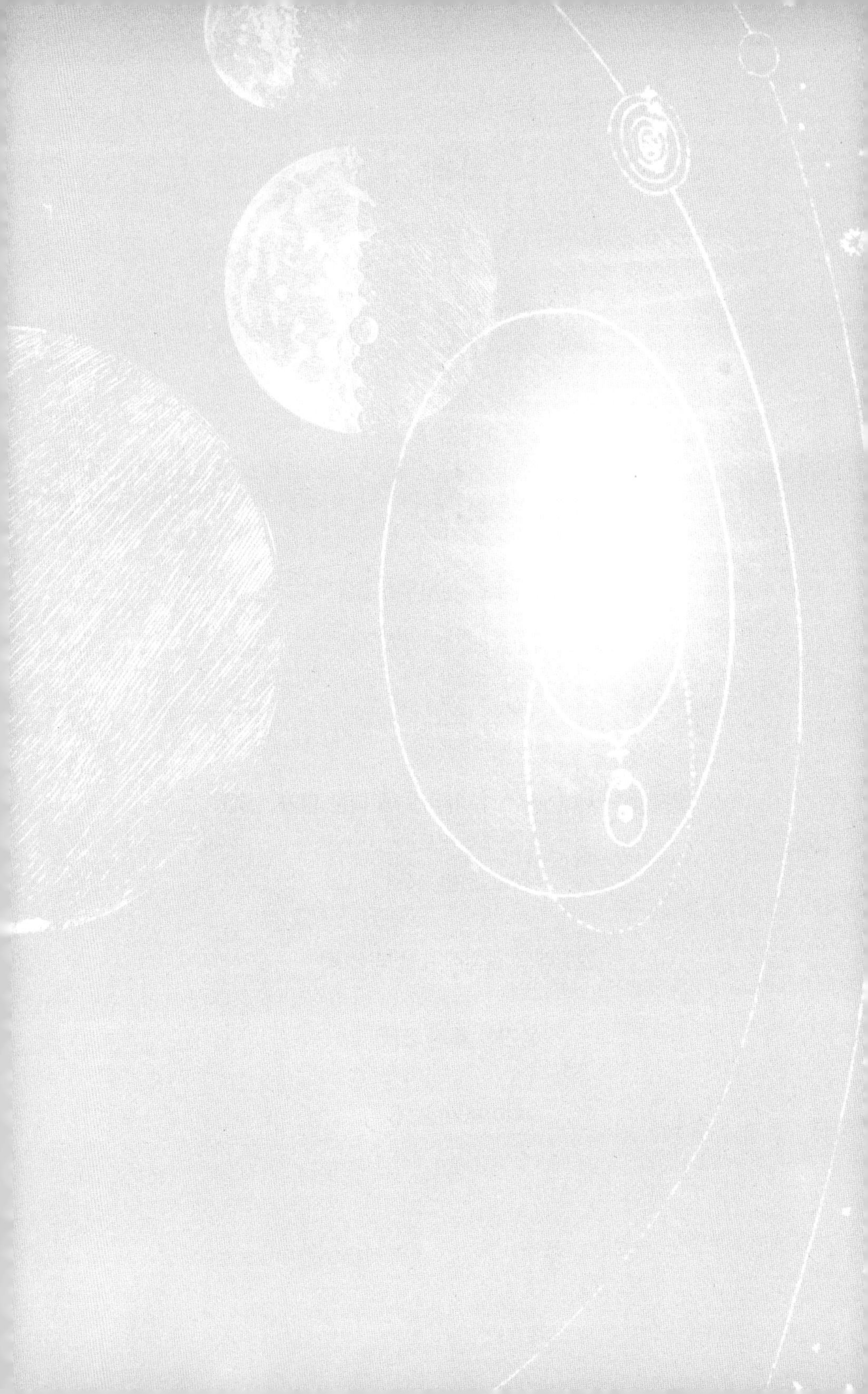

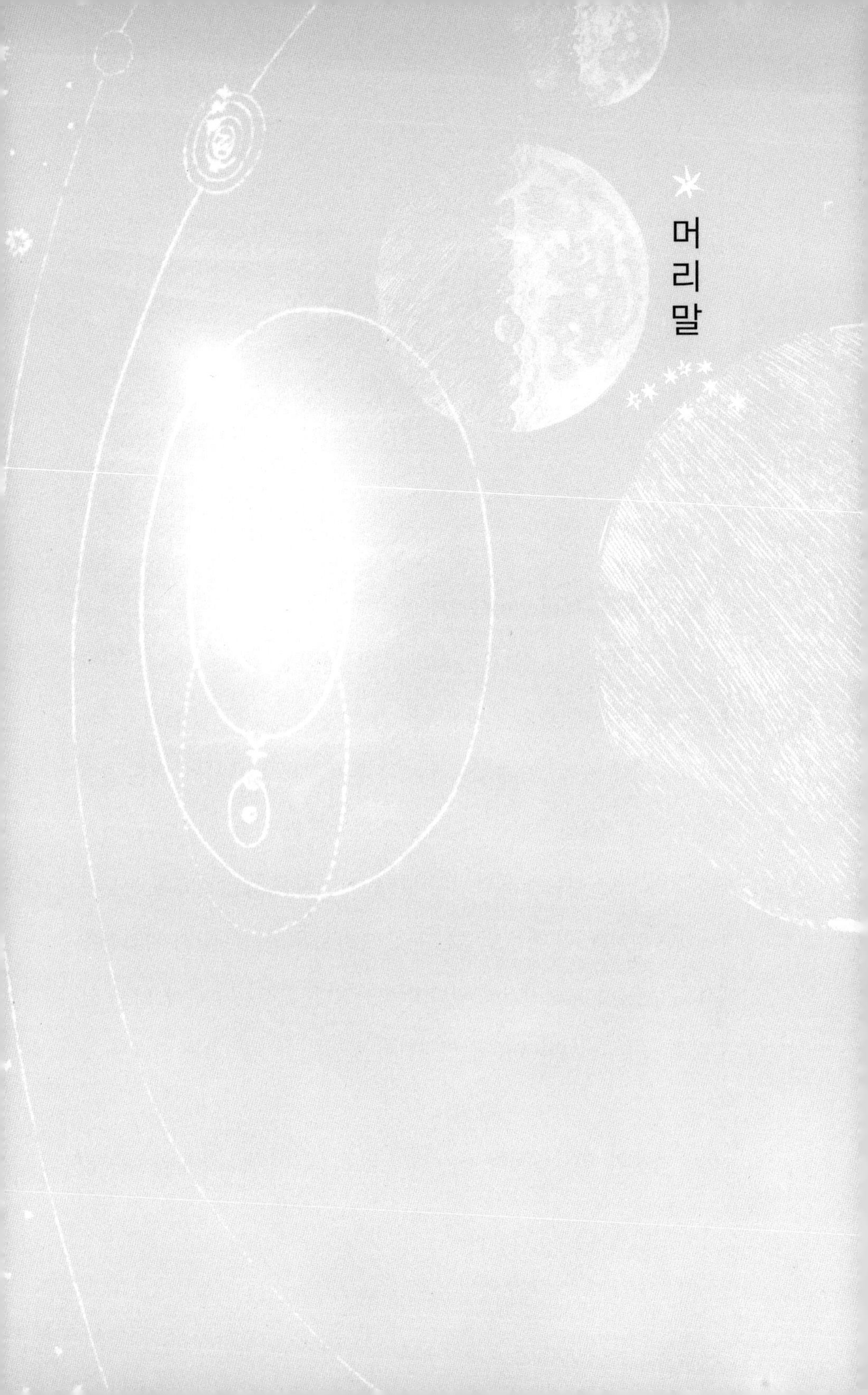

머리말

머리말

과학사를 빛낸 위대한 논문들과 견주어 『시데레우스 눈치우스*Sidereus Nuncius*』를 평할 수는 없다. 이 책은 프톨레마이오스Ptolemaeos의 『알마게스트*Almagest*』만큼 오랜 영향력을 갖지 못했고, 뉴턴의 『프린키피아*Principia*』만큼 거시적인 종합력을 보여 주지 못했다. 사실 이 책은 갈릴레오의 후기 저술인 『대화』*나 『새로운 과학』**과 견줄 수도 없다. 여기에는 그럴 만한 이유가 있다. 『시데레우스 눈치우스』는 발표용 논문이 아니었던 것이다. 이 책은 간결한 문장과 차분한 언어로 당시 지식인들에게 새로운 시대가 열리고 있다고 속삭인다. 우주는 기존에 알고 있던 것과 사뭇 다르며, 우주를 연구하는 방법도 이제는 크게 달라질 것이라고.

이런 유형의 책은 일찍이 나온 적이 없었다. 갈릴레오가 날카로운 통찰력과 뛰어난 지성을 지녔다는 것은 의심의 여지가 없다. 그런데 이 책은 지성의 산물이 아니라 실험도구의 산물이다! 망원경이라는 도구로 인해, 태초 이래 감춰져 온 천체 현상이 불쑥 모습을 드러낸 것이다. 이 새로운 도구를 가질 수 있는 사람이라면 이제 누구나 그것을 볼 수 있게 된 것이다. 먼저 천문학이 탈바꿈했고, 이어서 다른 과학 분야도 탈바꿈을 했다. 천문학은 이제 배운자만이 독점할 수 있는 영역이 아니었다. 학교에서 정규교육을 받지 못한 도구 제작자들, 혹은 재능은 없어도 좋은 도구를 살 능력은 있는 부자들, 아니면 상당한 인내력과 손재주가 있는 독학자들도 이제 천문학자로 이름을 날릴 수 있게 되었다.[1]

우주관을 논할 때 사용하는 용어까지 탈바꿈한 것도 갈릴레오의 발견 때문이었다. 그의 발견이 코페르니쿠스의 우주관(지동설)을 결정적으로 뒷받침하는 논리적 근거가 되지는 못했다 하더라도, 고대 우주관—전통적인 자연철학 체계의 기초를 이룬 우주관—이 올바르지 않다는 것만큼은 결정적으로 밝혀냈다. 그리하여 『시데레우스 눈치우스』와 더불어 우리는 근대로 접어든 셈이다.

과학사에 길이 남을 위대한 저술이라 해도 대부분 세월이 흐르면 빛이 바래게 된다. 그러나 『시데레우스 눈치우스』는 아직까지도 발표 당시의 신선함을 잃지 않고 있다. 우리는 당시 독자들을 사로잡은 흥분을 지금도 역력히 느낄 수 있다. 이 책은 정말 희귀한 과학저술 가운데 하나이다. 오랜 세월이 지난 오늘날에도 이 책은 학생과 아마추어뿐만 아니라 교사와 전문가에게도 여전히 흥미롭고 의미가 깊은 책이다. 라틴어로 씌어진 이 책이 오늘날까지 여러 나라 말로 계속 번역 출판되어 온 것도 그런 이유 때문이다.

최초의 영역본을 낸 사람은 에드워드 스타포드 칼로스Edward Stafford Carlos이다. 이 영역본은 1880년에 『갈릴레오 갈릴레이의 '별의 메신저'와 케플러의 '굴절광학' 머리말 발췌*The Sidereal Messenger of Galileo Galilei and a Part of the Preface to Kepler's Dioptrics*』[2]라는 제목으로 출간되었다. 이 책은 한동안 표준 영역본으로 인정받았다. 그러나 1960년에 재판된 이 책을 지금은 구하기 어렵고, 요즘의 학생들이 읽기에 그 시대의 문체는 지루하며, 이해하는데도 무리가 있다. 그 후 스틸먼 드레이크Stillman Drake가 번역한 『갈릴레오의 발견과 견해*Discoveries and Opinions of Galileo*(1957)』가 30년 동안 표준 영역본으로 자리 잡았지만, 이것은 완역이 아니다. 드레이크는 훗날 이것을 완역해서 『망원경, 조수간만, 책략*Telescopes, Tides, and Tactics*(1983)』이라는 책의 한 꼭지 글로 끼워 넣었다. 그러나 이상의 두 가지 번역본은 아쉽게도 요즘 학생들이 갈릴레오의 천문학을 이해하는 데 꼭 필요한 각주나, 그의 책과 관련된 참고문헌을 제시하지도 않았다. 이번에 새로 번역을 하면서 나는 칼로스와 드레이크의 번역본은 물론이고, 말테 호센펠더Malte Hossenfelder의 독일어 번역본[3], 마리아 팀파나로 카르디니Maria Timpanaro Cardini의 이탈리아어 번역본[4]을 함께 참조했다.

내 번역은 1610년 베네치아에서 출판된 『시데레우스 눈치우스』 라틴어판을 텍스트로 삼았다.[5] 이 텍스트는 원본인 『갈릴레오 갈릴레이 전집 *Le Opere di Galileo Galilei*』 3권과 거의 동일하다. 그러나 두 텍스트의 내용이 다른 경우에는 원본을 따랐다. 나는 올바른 번역만이 아니라, 요즘 학생들이 쉽게 이해할 수 있는 번역을 하기 위해 애를 썼다. 가장 어려웠던 것은 책 제목을 어떻게 번역해야 할 것인가였다. 그래서 나는 '시데레우스 눈치우스'를 '별의 메신저'라고 번역했다. 그런데 라틴어 '눈치우스Nuncius'는 영어로 '메신저Messenger－소식 전달자' 뿐만 아니라 '메시지Message－소식'를 뜻하는 말이기도 하다. 갈릴레오가 이 책을 출간하려고 할 무렵의 편지를 보면 이 책을 '아비소 아스트로노미코Avviso Astronomico', 곧 '천문학 소식Astronomical Message'이라고 말한다. 따라서 갈릴레오의 당초 의도는 '소식'이었다는 것을 미루어 짐작할 수 있다. 10인 위원회Council of Ten에 보낸 1610년 2월 26일자 출판 허가 요청서에는 이 책이 '아스트로노미카 데눈티아티오 아드 아스트롤로고스Astronomica Denuntiatio ad Astrologos', 곧 '하늘 연구자들을 위한 천문학 발표'[6]로 되어 있다. 그런데 인쇄에 들어갈 무렵에는 이 책이 '아스트로노미쿠스 눈치우스Astronomicus Nuncius'로 소개되었다. 그러다가 정작 인쇄에 들어갔을 때 또 다시 마음을 바꾼 갈릴레오는 모호하게 『시데레우스 눈치우스』라는 제목을 선택했다. 갈릴레오의 동시대 인물 가운데 가장 유명한 요하네스 케플러Johannes Kepler(1571~1630)는 그의 책, 『별의 메신저와의 대화*Dissertatio cum Nuncio Sidereo*』에서 '눈치우스'라는 낱말을 '메신저'로 번역했다. 그 이후 1681년에 출판된 최초의 프랑스어 번역본[7]은 케플러의 번역을 따랐다.

신시내티 천문대의 설립자인 옴스비 맥나이트 미첼Ormsby MacKnight Mitchel은 1846년부터 1848년까지 일반인을 위한 천문학 월간지 《별의 메신저》[8]를 펴냈다. 40년 후 미네소타 주 노스필드에 있는 칼턴대학 천문대장인 W. W. 페인Payne은 같은 이름의 학술지를 펴냈다. 그 후 이 학술지는 조지 엘러리 헤일George Ellery Hale의 《천체물리학 저널*Astrophysical Journal*》[9]로 이름이 바뀌었다. 비슷한 시기에 에드워드 스타포드 칼로스가 처음으로 『시데레우스 눈치우스』 영역본을 런던에서 출간했는데, 칼로스 역시 이 책의 제목을 '별의 메신저'[10]로 번역했다. 1950년에 에드워드 로즌은 이 '오류'의 역사를 정리하면서 갈릴레오 자신이 1626년에 '메신저'라는 번역에 반대했다는 사실을 밝혔다.[11] 갈릴레오의 당초 의도가 명백하게 드러난 것도 바로 로즌의 이 논문 덕분이었다.[12] 그러나 이것으로 문제가 완전히 풀린 것은 아니었다.

영어권에서 과학사를 배우는 학생들은 모두가 스틸먼 드레이크의 번역을 받아들였다. 『갈릴레오의 발견과 견해』라는 드레이크의 책에 포함된 번역을 받아들인 것이다. 물론 드레이크는 갈릴레오가 원래 '눈치우스'라는 단어를 '소식'이라는 뜻으로 사용했다는 것을 잘 알고 있었다. 그는 책의 본문 첫 페이지에서 'Astronomicus Nuncius'를 '천문학 소식'이라고 번역했다. 그러면서 책 제목은 이제까지의 관행에 따라 '별의 메신저'로 번역한 것이다.[13] 로즌이 그것을 비판한 것에 대해,[14] 드레이크는 책 제목을 다소 장황하게 해명했다. 1610년 당시 여느 사람들만이 아니라 갈릴레오의 제자들도 '메신저'라는 번역을 받아들였다는 것이다. 심지어 갈릴레오 자신도 10년 이상 이 번역에 이의를 제기하지 않았다. 그래서 세월이 흐르다보니 '눈치우스'의 의미가 '메신저'로 확고히 자리를 잡게 된 것이다. 다시 말하면 갈릴레오 본인이 바로 이 '오류'가 뿌리내리도록 허락한 셈이다. 어쩌면 갈릴레오는 그게 더 낫다고 생각했는지도 모른다. 게다가 책의 내용이 '소식'을 담고 있으니, 책 자체는 소식을 전하는 '메신저'라고 하는 게 제격이 아니냐고 드레이크는 주장했다.[15]

나는 드레이크의 의견에 동의한다. 1610년 초의 편지를 보면 갈릴레오의 당초 의도가 '소식'이었다는 것이 분명하다. 하지만 '메신저'라는 번역 역시 관행으로 인정을 받았다. 갈릴레오는 이의를 제기하지 않음으로써 이런 관행을 인정했다. 나는 영어권에서의 관행에 따라 이 책 또한 『시데레우스 눈치우스』라는 제목 아래 '별의 메신저'라는 부제를 달았고, 드레이크를 본받아 본문의 머리글인 '아스트로노미쿠스 눈치우스 Astronomicus Nuncius'는 '천문학 소식'으로 번역했다.

나는 이 책을 준비하는 과정에서 여러 명의 동료에게 많은 도움을 받았다. 헬렌 이커Helen Eaker는 초벌 번역을 읽고 많은 오류를 바로잡아 주었다. 스틸먼 드레이크, 오웬 깅리치Owen Gingerich, 노엘 스워들로 Noel Swerdlow는 전체 원고를 읽고 다채로운 의견을 제시해 주었다. 로버트 오델Robert O'Dell은 몇 가지 천문학 문제를 도와주었고, 조지 트레일George Trail은 내 문장을 가다듬고 고치는 데 도움을 아끼지 않았다. 갈릴레오의 도표 가운데 일부를 다시 그리는 일은 필립 새들러Philip Sadler의 도움을 받았다.

번역에 사용된 본래의 삽화와 『시데레우스 눈치우스』의 초판 표지는 웰슬리대학 소장본에서 발췌하여 사용했다.[16] 사용을 허락해 준 웰슬리대학 측과, 그 과정에서 도와준 캐서린 박Katherine Park과 앤 애닝어 Anne Anninger에게 감사드린다. 아직 완성되지도 않은 원고에 인내심을 갖고 읽어 준 라이스대학교 1987년 가을 학기 역사 223강의 수강생 전원과, 특히 필립 샘스Philip Samms 군의 지적에도 감사드리고 싶다. 물론 이 책에 남아 있는 모든 오류는 전적으로 나에게 책임이 있다. 관대하게 내 연구를 후원해 준 라이스대학교와 일부 연구비를 보조해 준 미국 국립과학재단에 감사의 말을 전한다.

*옮긴이 주: 원제는 『프톨레마이오스와 코페르니쿠스의 두 세계관에 관한 대화*Dialogo sopra i due massimi sistemi del mondo, tolemaico e copernicaon*』이다. 한국어판 『그래도 지구는 돈다』(이무현 옮김, 교우사, 1997)로 출간.

**옮긴이 주: 원제는 『두 개의 새로운 과학에 관한 수학적 논증과 증명*Discorsi e dimonstrazioni mathematiche intorno a due nuove scienze attenenti alla meccanica*』이다. 한국어판 『새 과학의 대화』(정연태 옮김, 박영문고, 1976)와 『새로운 과학』(이무현 옮김, 민음사, 1996)으로 출간.

1. 첫 번째 부류의 예로는 로마에 살던 망원경 제작자 주세페 캄파니Giuseppe Campani(1635~1715)를 들 수 있다. 그의 망원경이 1660년대 처음 주목을 받은 것도 바로 천문학적 발견 덕분이었다. 두 번째 부류의 가장 좋은 예는 폴란드 그다인스크에 살던 부자 요하네스 헤벨리우스Johannes Hevelius(1611~1687)이다. 그는 성능 좋은 망원경과 관측에 대한 열정, 그리고 호화로운 출판물로 유명해졌다. 세 번째 부류의 가장 좋은 예는 윌리엄 허셜William Herschel(1738~1822)이다. 그는 대단히 강력한 망원경을 만든 덕분에 수많은 발견을 할 수 있었고 은하수의 모습까지 그려 냈다.
2. 원제는 『*The Sidereal Messenger of Galileo Galilei and a Part of the Preface to Kepler's Dioptrics containing the original account of Galileo's astronomical discoveries. A translation with introduction and notes by Edward Stafford Carlos*』(London, 1880년 초판; London: Dawsons of Pall Mall, 1960년 재판).
3. 『*Galileo Galilei Sidereus Nuncius Nachricht von neuen Sternen. Dialog über die Weltsysteme (Auswahl). Vermessung der Hölle Dantes. Marginalien zu Tasso. Herausgegeben und eingeleitet von Hans Blumenberg*』(Frankfurt am Main: Insel Verlag, 1965), 79~131.
4. 『*Galileo Galilei Sidereus Nuncius. Traduzione con Testo a Fronte e Note di Maria Timpanaro Cardini*』(Florence: Sansoni, 1948).

5. 내가 사용한 텍스트는 피렌체 국립도서관에 있는 영인본(Pal 1200/23)이다. 이 영인본은 1964년 갈릴레오 탄생 400주년을 기념하여 발간한 1,000부 한정본이다. 이 영인본에는 원본 5쪽에 있는 '메디치아*Medicea*'를 '코스미카*Cosmica*'로 고치기 위해 덧붙인 종이가 빠져 있다. 1960년대에는 삽화를 수록하지 않은 또 다른 영인본이 Éditions culture et civilisation(Brussels)에서 발간되었고, 1987년에는 새로운 영인본이 Archival Facsimiles, Ltd.(Alburgh, Harleston, Norfolk, U.K.)에서 발간되었다.
6. 갈릴레오 전집 『*Opere*』 19:227~228. 여기서는 '*Astrologos*'를 '하늘 연구자들*students of the heavens*'로 번역한 에드워드 로즌Edward Rosen의 번역을 따랐다. 「The Title of Galileo's 『*Sidereus Nuncius*』」 《*Isis*》 14호(1950): 289 참조. (특별한 언급이 없는 한 『*Opere*』의 번역은 모두 저자가 한 것임).
7. 『*Le messager céleste*』(파리, Alexandre Tinelis와 Abbé de Castelet 번역, 1681). 프랑스어 번역본 중에서는 다음 것이 가장 훌륭하다. 『*Sidereus Nuncius; le message céleste. Texte établi et trad. par Émile Namer*』(Paris: Gauthier-Villars, 1964).
8. 《*The Sidereal Messenger*》, 천문학 전문 월간지. O. M. Mitchel 편집(Cincinnati, 1846~1848)
9. 《*The Sidereal Messenger*》, W. W. 페인 편집, 통권 10호(Northfield, MN, 1882~1891). 1892년에 출간된 11호부터는 조지 헤일이 공동편집인이 되어 《천문학과 천체물리학*Astronomy and Astrophysics*》으로 제목을 바꾸었다. 1894년엔 헤일이 혼자 편집인이 되어 다시 제목을 《천체물리학 저널*Astrophysical Journal*》(Chicago, 1894~)로 바꾸었다.
10. 2번 각주 참고
11. 에드워드 로즌, 「The Title of Galileo's 『*Sidereus Nuncius*』」, 《*Isis*》 41호(1950): 287~289.
12. 최근 다른 나라에서 나온 번역본에서는 갈릴레오의 처음 의도대로 '메시지'로 번역되고 있다는 점도 주목해야 한다. 즉, 마리아 카르디니의 이탈리아어 번역본에서는 '아눈치오annunzio'로, 에밀 나머Émile Namer의 프랑스어 번역본에는 '메사주message'로, 말테 호센펠더의 독일어 번역본에는 '나흐리히트Nachricht'로 번역되었

다. 그러나 호세 페르난데스 치트José Fernandes Chitt의 스페인어 번역본에는 '멘자헤로Mensajero－메신저'로 번역되었다. 아래의 책을 참고할 것.

『*El Mensajero de los Astros*』, J. Fernandes Chitt 번역, José Babini 해설(Buenos Aires: Editorial Universitaria de Buenos Aires, 1964).

13. 『*Discoveries and Opinions of Galileo*』(Garden City, NY: Doubleday & Co., 1957), 19, 27. 드레이크는 이러한 번역 원칙을 『*Telescopes, Tides, and Tactics*』(1983)에서도 그대로 따르고 있다(12, 17쪽).

14. 에드워드 로즌, 「Stillman Drake's 『*Discoveries and Opinions of Galileo*』」, 《*Isis*》 48호(1957): 440~443.

15. 스틸먼 드레이크, 「The Starry Messenger」, 《*Isis*》 49호(1958): 346~347. 『*Telescopes, Tides, and Tactics*』에서 드레이크는 가공의 대화를 통해 사르피Sarpi가 다음과 같은 말을 하도록 하였다(12쪽). "본문의 첫 페이지에서 볼 수 있듯이 갈릴레오가 마음에 두었던 책의 제목은 『천문학 소식』이었다. 그러나 그 다음 그의 마음속에는 '소식'을 전하는 것은 '메신저'라는 생각과, 별들로부터 오는 '소식'을 담고 있는 책의 제목으로는 '메신저'가 어울릴 것이라는 생각이 떠올랐다. 이리하여 책의 저자가 아닌 책 자체가 '눈치우스' 즉 '메신저'란 이름을 갖게 되었다. 물론 '눈치우스'에는 단순히 '소식'이라는 뜻도 있었지만 말이다."

16. 갈릴레오의 원고에는 네 개의 별들이 모두 있었지만, 『시데레우스 눈치우스』의 초판에 수록된 삽화 몇 개에는 '메디치 별Medicean Stars' 가운데 하나가 누락되어 세 개만 그려져 있다. 이 번역본에는 원래 빠져 있던 별들을 괄호 안에 넣어 표시했다(이 책의 113, 117, 124, 130쪽)

해설

해설

1609년 가을, 45세의 갈릴레오 갈릴레이는 20배율 망원경으로 달을 관찰하고 있었다. 이것은 인류의 지식 체계를 뿌리째 뒤흔든 역사적 사건의 발단이었다. 이 시기에 갈릴레오는 베네치아 근교에 있는 파도바 대학교의 수학 교수로 있었다. 그는 망원경이라는 새로운 도구로 달을 최초로 관찰한 과학자는 아니었는데, 가장 성공적으로 달을 관찰한 과학자였다. 그는 이 도구를 통해 매우 중요한 발견을 했고, 일찍이 아무도 해내지 못한 새로운 탐구의 장을 열었다.

갈릴레오가 처음 20배율 망원경에 대한 소문을 들은 것은 1609년 여름이었다. 이때 망원경은 나온지 얼마 안된 새로운 도구였다. 먼 곳에 있는 물체를 가까이 있는 것처럼 볼 수 있다는 신기한 도구에 관한 소문은 지난해 가을 네덜란드에서 처음 전해졌다. 이 사건에 대해 알아보기 전에 먼저 역사적 배경부터 짚어 보도록 하겠다.

망원경에 대한 이야기는 안경알로부터 시작된다. 서기 1300년경까지만 해도 40대 중반의 학자들은 시력 감퇴로 글을 읽고 쓰기가 점점 어려워진다는 게 여간 고민스러운 일이 아니었다.[1] 원시라고 불리는 이 증상 때문에 우수한 학자들도 나이가 들면 연구 활동을 할 수 없게 되었다. 이러한 문제의 해결책은 13세기 후반이 되어서야 나오게 되었다. 영국의 프란체스코회 수도사인 로저 베이컨Roger Bacon이 1267년에 확대경의 원리를 설명한 책 『대저작*Opus Majus*』을 펴낸 것이다. 이 확대경은 한쪽 면만 가운데를 볼록하게 만든 유리알인데, 읽고 싶은 글자 위에 이것을 올려놓으면 글자가 확대되어 보이기 때문에 쉽게 글을 읽을 수 있었다.

이 유리알은 아무리 글자가 작아도 노인들이 볼 수 있을 만큼 크게 보이게 하니까, 나이 든 사람들에게 매우 유용할 것이라고 베이컨은 말했다.[2] 때때로 그는 마술사처럼 여겨졌는데, 기술의 능력을 과신한 탓에 유리알을 사용함으로써 얻을 수 있는 기적적인 효과에 대해 다소 과장된 주장을 펴기도 했다.[3]

13세기말 이탈리아 장인들은 양면이 모두 볼록한 유리알을 얇게 만들어서, 이것을 얼굴에 쓸 수 있도록 만든 틀에 끼워 넣었다.[4] 가장자리보다 중간 부분이 더 두툼한 이 유리알은 렌즈콩(lentils: 학명 lens esculenta) 모양을 하고 있었기 때문에 영어로 '렌즈lens'라고 부르게 되었다. 이때부터 노인들은 안경을 사용하게 되었는데, 물론 지금의 안경에 비하면 렌즈의 질은 떨어졌고 사용하기도 불편했다.

15세기 중반, 이탈리아 안경 제조업자들은 "젊은이들의 약시" 곧 근시를 교정할 수 있는 오목렌즈를 만들어 냈다.[5] 초기 형태의 오목렌즈는 심하지 않은 근시만 교정할 수 있었다. 볼록렌즈보다 오목렌즈를 만드는 게 더 어려웠기 때문이다. 15세기 중반 이후, 안경 제조 기술자(대개 길드에 소속되어 있던 사람)들은 이탈리아에서 유럽의 다른 지역으로까지 퍼져 나갔다. 그래서 온 유럽 사람들이 훌륭한 이 도구의 혜택을 누릴 수 있게 된 것이다. 대도시 사람만 혜택을 누린 게 아니었다. 행상인들은 이 신제품을 팔기 위해 시골의 작은 마을과 장터를 누비고 다녔다.

1500년경에 볼록렌즈와 오목렌즈를 만드는 기술이 이미 전 유럽에 퍼져 있었다면, 왜 이때 망원경이 나타나지 않았을까? 볼록렌즈와 오목렌즈, 또는 두 개의 볼록렌즈만 있으면 만들 수 있는 게 망원경이기 때문이다. 이 질문에 대한 답은 렌즈의 굴절률에서 찾을 수 있다. 쓸 만하고 성능이 좋은 배율을 얻기 위해서는 굴절률이 낮은 볼록렌즈와 굴절률이 높은 오목, 또는 볼록렌즈를 합쳐야 한다. 당시에는 다양한 굴절률을 가진 렌즈를 사용할 수 없었기 때문에 적절한 배율의 망원경에 필요한 렌즈를 만들기가 불가능했다고 할 수 있다. 이후 17세기가 될 때까지도 사정은 마찬가지였다.

한편, '눈속임이 아닌 마술' 곧 안경이 16세기에 꽃을 피우기 시작함에 따라, 렌즈나 거울을 사용해서 얻을 수 있는 환상적인 효과에 대한 생각도 진전되었다. 이런 이유 때문에, 초기 형태의 망원경이 이 시기에 당연히 쓰였을 거라는 주장이 나오기도 했다.[6] 그러나 16세기 '마술사'들이 획기적인 효력을 가진 광학 기기를 만들어 사용했을지 모른다고 해서, 실제로 그때 망원경이나 현미경이 이미 존재했을 거라고 보는 데에는 무리가 있다. 왜냐하면 이 '마술사'들이 정확하게 광학 원리를 이해하고 그것에 근거해서 광학 기기를 만들었다고 생각할 수는 없기 때문이다. 확실한 것은, 16세기말 이탈리아에서 렌즈를 조합하여 시력 교정에 이용하였다는 것, 그리고 망원경에 대한 "풍문"이 나돌았다는 것이다. 이 시기의 이탈리아 유리 가공업자들은 네덜란드 등의 유럽 지역으로 기술을 수출하기도 하였다.[7]

망원경의 시대는 1608년 9월 네덜란드에서 시작되었다. 9월 25일, 새롭게 탄생한 네덜란드 공화국의 남서부에 있는 젤란트 지방정부의 한 관리가 헤이그에 있는 중앙정부 장관에게 편지를 써 보냈다. 내용은 젤란트의 수도인 미델부르흐의 한 안경장이 아주 먼 거리에 있는 사물을 가까이 있는 것처럼 볼 수 있는 도구를 만들었다는 것이었다.[8]

며칠 후 장관은 이 발명품에 대한 한스 리페르세이Hans Lippershey의 특허 요청에 대해서 논의했다. 그러나 2주도 채 안 되어 또 다른 두 사람이 같은 발명품에 대해 특허 요청을 했다. 그들은 암스테르담의 북쪽 알크마르의 야코프 메티우스Jacob Metius와 미델부르흐의 사카리아스 얀센Sacharias Janssen이었다. 결국 장관은 이 도구가 매우 유용하기는 하지만 너무 쉽게 복제가 가능하다는 것을 알아내고 특허를 내 주지 않기로 했다.[9] 리페르세이가 헤이그에서 특허를 신청한 시기는 네덜란드 행상인들이 헤이그에서 남동쪽으로 약 500킬로미터 거리에 있는 프랑크푸르트의 연례 가을 박람회에 똑같은 도구를 전시했던 시기와 거의 일치할 것으로 추측된다.[10]

이 도구가 더 이상 비밀을 요하는 첨단제품이 아니었다는 것은 확실하다. 리페르세이가 특허 신청을 한 지 몇 주 지나지 않아 이 도구에 대한 소식은 외교적 통로를 거쳐 온 네덜란드에 전해졌다. 이 소형 망원경은 복제가 아주 쉬웠기 때문에 소문이 아예 도구와 함께 널리 유포되었다. 1609년 봄에는 프랑스 파리의 안경 제작자가 작은 망원경을 만들어 팔았고, 그해 여름에는 이 도구가 마침내 이탈리아에 이르게 되었다.[11] 대롱 모양의 긴 통에 볼록렌즈와 오목렌즈를 장치한 이 도구는 기껏해야 3배 내지 4배의 배율에 지나지 않았다. 그래서 이 도구가 놀라운 성능을 지녔다는 소문에 귀가 솔깃한 사람들 중 일부는 실제로 시험해 보고 실망을 하기도 했다.[12]

그러나 갈릴레오는 실망하지 않았다. 그 도구에 대한 소문은 1608년

11월 베네치아에 살고 있던 그의 친구 파올로 사르피Paolo Sarpi 신부에게도 전해졌다.[13] 이듬해 봄, 사르피 신부는 이 소문에 대한 사실을 확인하기 위해 파리에 있는 갈릴레오의 옛 제자 자크 바도베레Jacques Badovere에게 편지를 써 보냈다.[14]

갈릴레오가 망원경에 대해 처음 관심을 보인 것이 바로 이때였다. 『시데레우스 눈치우스』에서 그는 1609년 5월쯤 망원경에 대한 소문을 처음 들었고, 그 후 바도베레의 편지를 받고 그 소문을 확인했다고 썼다. 어쩌면 그보다 먼저 소문을 들었을 수도 있지만, 전에는 관심을 두지 않았을 거라고 볼 수도 있다. 왜냐하면 당시에는 어떤 새로운 발명품이 놀라운 성능을 가졌다는 주장들 대부분이 사실이 아닌 것으로 밝혀지곤 했기 때문이다. 바도베레는 이 도구의 실재를 확인해 주었다. 그리고 사르피는 파리에서 그것을 쉽게 구할 수 있을 거라고 말했다. 그래서 갈릴레오는 비로소 이 도구에 흥미를 갖기 시작했을 것이다. 그는 안경알로 쓰이는 유리알을 구하기 쉬웠을 것이고, 망원경을 만들어 보는 것도 어렵지 않았을 것이다. 실제로 베네치아에서 돌아온 날 밤, 바로 그렇게 했다고 그는 훗날 말했다. 어쩌면 그곳에서 사르피가 바도베레의 편지를 보여주었는지도 모른다.[15] 물론 갈릴레오뿐만 아니라 다른 몇 사람도 이미 비슷한 일을 해 본 적이 있었다. 그러나 이 새로운 도구를 갖게 된 후 6개월 동안 천문학의 역사뿐만 아니라 과학사에서 매우 중요한 일을 해낸 것은 갈릴레오뿐이었다.

갈릴레오는 이탈리아 피사에서 태어나 피렌체에서 자란 토스카나 사람이다. 그는 1592년부터 베네치아 공화국의 파도바대학교에서 수학을 가르쳤다. 장남으로 태어난 그는 여동생들의 지참금을 마련해 주는 등 가족의 살림을 떠맡고 있었다. 게다가 정식으로 결혼하진 않았지만 이미 아들 하나와 딸 둘이 있었다. 그는 생활하기에도 빠듯한 수입을 보충하기 위해 집에 하숙생을 두었고, 거느리고 있는 기술자와 함께 과학도구를 만들어서 시장에 내다 팔았다.

그런 와중에서도 그는 물체의 운동에 관한 연구를 계속했다. 그때부터 이 책에서 다루고 있는 사건이 일어난 1609년까지, 낙하하는 물체의 법칙을 비롯한 여러 가지 획기적인 발견을 했다. 그는 여느 교수와 마찬가지로 더 많은 연구 시간과 경제적 여유를 얻기 위해 항상 애를 썼는데, 이제 바야흐로 절호의 기회를 붙잡게 된 것이다.

갈릴레오는 일반 안경용 렌즈를 조립해서 3배율의 망원경을 쉽게 만들 수 있었다. 처음 만들어 보면서도 그랬다. 그는 곧바로 더욱 성능이 좋은 망원경을 만드는 일에 뛰어들었다. 노련한 수학교수였던 그는 당시의 광학 이론을 꿰고 있었다. 물론 당시의 광학 이론은 지금 우리가 알고 있는 것과 달리 망원경을 다루지 않았다. 그러나 그는 훌륭한 실험가였다. 여러 차례에 걸친 시행착오를 통해 그는 결국 단순한 이 도구의 배율이 두 렌즈간 초점거리의 비율에 의존한다는 것을 재빨리 알아냈다. 이 사실을 통해, 배율이 높은 망원경을 만들기 위해서는 굴절률이 낮은 볼록렌즈와 굴절률이 높은 오목렌즈가 필요하다는 것을 알게 되었다. 그런데 문제는 당시의 안경점에는 그런 렌즈가 없다는 것이었다. 당시 기술자들은 굴절률이 낮은 몇 가지 렌즈만 만들 수 있었기 때문이었다. 갈릴레오는 렌즈를 연마하는 기술을 스스로 익혀야 했다. 그것은 상당한 손재주를 필요로 하는 힘든 작업이었다. 마침내 그는 힘겨운 노력 끝에 1609년 8월말에 배율이 8~9배인 망원경을 만들 수 있게 되었다. 이것은 당시 베네치아에서 구할 수 있는 다른 어떤 망원경보다 성능이 월등했다.[16] 갈릴레오는 새로운 이 도구를 의원들에게 선보이려고, 그의 절친한 친구인 파올로 사르피의 사무실을 통해서 베네치아 의회에 접근했다. 그는 8월 29일자 편지에 이렇게 썼다.[17]

> …총독의 부름을 받고 찾아가서 모든 의원들에게 아주 놀라운 시범을 보인 지 엿새가 지났습니다. 그곳에는 의원 외에도 여러 귀족들이 있었습니다. 그들은 멀리서 항구를 향해 돛을 올리고 다가오는 배들을 보기 위해 베네치아에서 가장 높은 종탑 층계를 몇 번씩 오르락내리락한 경험이 있는 사람들이었습니다. 그들은 제가 만든 망원경을 사용함으로써 맨눈으로 볼 때보다 족히 두 시간은 더 먼저 배를 볼 수 있게 되었습니다. 그 도구가 80

킬로미터 밖에 있는 물체를 8킬로미터 안에 있는 것처럼 크고 가깝게 보이도록 했기 때문입니다.

그 자리에 있던 사람들은 모두 놀라워했다. 갈릴레오의 망원경은 무엇보다도 군사적으로 뛰어난 이점을 갖고 있었다. 이틀 후 갈릴레오는 의회에 나타나서 자신의 망원경을 공화국에 기증했다. 그는 베네치아의 최고 행정관인 총독에게 올리는 편지와 함께 이 선물을 전달했다. 이 편지는 당시 통치자에게 쓰는 전형적인 문체로 쓰여졌다.[18]

총독 각하,

소인 갈릴레오 갈릴레이는 파도바대학교에서 수학 강의를 하는 등의 의무를 수행하고 있을 뿐만 아니라, 특히 각하를 위하여 얼마간 주목할 만한 유용한 발명품을 만들고자 노심초사하고 있는 미천한 종으로서, 새로운 유리 제품을 지참하고 지금 각하 앞에 출두하였사온데, 이 발명품은 원근법에 대한 심오한 사색을 통해 우러나온 것으로서, 먼 곳에 있는 물체를 눈앞에 있는 것처럼 아주 또렷이 볼 수 있습니다. 예컨대 14킬로미터 밖에 있는 물체를 고작 1.5킬로미터 안에 있는 것처럼 볼 수 있는데, 이것은 해상이나 육상에서 일어나는 온갖 일들을 관찰하는 데 이루 말할 수 없이 유용한 물건이 될 것입니다. 해상에서 추적하거나 전투하거나 도주를 하고자 할 때,

맨눈으로 볼 수 있는 것보다 훨씬 더 먼 곳에 있는 적의 선체나 돛을 발견할 수 있어서, 우리가 2시간은 먼저 적을 발견할 수도 있고, 적의 배가 어떤 종류인가를 식별하고 그 화력을 파악할 수 있습니다. 이와 마찬가지로, 육상에서는 아주 멀리 있는 적의 요새와 막사, 각종 시설을 환히 들여다볼 수 있고, 옥외 군사작전을 할 때에는 적의 모든 동태를 낱낱이 파악할 수 있으므로, 우리 측에 아주 크나큰 이익이 될 것입니다. 사려 깊은 분들이라면 그 밖에도 다른 많은 쓰임새가 있다는 것을 명백히 아실 것입니다. 따라서 매우 유용할 것으로 여겨지는 이 도구를 각하께 바칠 만한 가치가 있다고 사료되어, 이 발명품을 바치어 그 판단을 각하께 맡기기로 결심하였사오니, 각하의 선견지명으로 혜량하시어 이 발명품을 계속 만들 것인지 말 것인지를 결정하여 하명해 주시기 바랍니다.

소인 갈릴레오는 파도바대학교에서 지난 17년 동안 가르쳐 온 과학의 열매들 가운데 하나인 이것을 각하께 바치며 바라건대, 저의 소망대로 남은 일생을 각하께 바치는 것이 자비로우신 신과 각하를 기쁘게 하는 일이라면, 각하께 더욱 좋은 도구를 만들어 바치기 위한 연구를 계속할 수 있기를 앙망하옵니다. 삼가 엎드려 각하의 행복과 안녕을 기원합니다.

다시 말하면, 갈릴레오는 총독과 의회에 자기 발명품을 만들 수 있는 독점권을 양도하는 대신, 그 대가로 대학에서 그의 지위를 높여 줄 것을 아주 교묘히 요구했다. 이것을 발표한 후 갈릴레오는 대학과의 계약이 종신직으로 갱신될 것이며, 월급이 480플로린에서 1,000플로린으로 인상될 것이라는 말을 들었다.[19] 그러나 정작 공식 통보를 받고 보니, 실망스럽게도 현재의 계약이 만료되는 1609년~1610년 학기가 끝날 때까지는 새 급여를 받을 수 없어서, 이미 받은 상금 외에는 사실상 월급 인상이 없다는 것을 알게 되었다.[20]

위에서 언급했듯이 갈릴레오는 베네치아 공화국에서 망원경을 가진 유일한 사람이 아니었다. 다른 지방에서 온 여행자들은 3~4배율의 단순한 망원경을 비싼 가격에 팔고 있었다. 갈릴레오는 창의력을 발휘하고 열정을 바쳐 도구의 성능을 높임으로써 경쟁에서 앞설 수 있었다. 그 사이에 갈릴레오가 망원경으로 하늘을 관측했다 해도, 그것이 최초의 관측은 아니었을 것이다. 최초의 망원경 중 하나가 이미 1608년 가을 네덜란드에서 별을 관측하는 데 사용되었던 것이다.[21] 갈릴레오가 총독에게 망원경을 전달하기 몇 주 전에 영국의 토머스 해리엇Thomas Harriot도 6배율 망원경으로 달을 관측한 후, 망원경으로 본 달의 모습을 그림으로 남겼다. 물론 이 그림은 맨눈으로 본 것과 크게 다르지 않았다.[22] 이 시기에 갈릴레오는 천체에 대한 관심보다는 도구를 개량해서 얻을 수 있는 경제적 이득에 더 관심이 많았다.

갈릴레오가 더욱 우수한 망원경을 만들기 위해 노력을 다한 것이 어쩌면 생활 여건을 개선하고 싶은 마음에서였는지도 모른다. 어쨌든 그는 자신의 출생지인 토스카나에서 왕실의 좋은 반응을 얻고 싶었다. 그해 가을, 갈릴레오는 자기가 만든 망원경을 가지고 천체, 특히 달에 대한 연구를 시작했다. 망원경이 바로 천문학과 우주에 관한 학문을 혁명적으로 발전시킬 수 있는 도구라는 것을 갈릴레오가 깨닫기 시작한 것도 이 시기였다고 할 수 있다. 1609년 11월의 어느 날, 갈릴레오는 8월에 만든 망원경보다 2배 이상 성능이 뛰어난 20배율 망원경을 만들어 냈다. 이날 그는 달을 관찰함으로써 최초의 천문학 연구를 시작했다. 11월 30일부터 12월 18일까지 그는 달의 위상 변화를 관측해서 눈에 보이는 대로 그린 8장의 그림을 남겼다.[23]

갈릴레오와 그 이후 달 관측자들에게 가장 흥미로웠던 것은, 새로운 도구인 망원경을 통해 바라본 달 표면이 "매끈하지 않다"는 것이었다. 당시 널리 퍼져 있던 아리스토텔레스의 지구 중심 우주론에 의하면, 천체는 완벽하고 변치 않으며, 전적으로 매끈한 공 모양이어야 했다. 따라서 맨눈으로도 볼 수 있었던 달의 큰 점에 대해서는 그때그때 적당히 얼버무리고 넘어갔다. 예를 들면, 완벽하게 부드러운 달 표면의 일부가 다른 부분과 달리 빛을 흡수한 뒤 방출한다고 가정했다.[24] 그러나 코페르니쿠스의 이론은 이른바 지구를 하늘에 올려놓았다. 나아가서 지상은 변화하고 불완전하며, 천상은 불변하고 완전하다는 생각을 뒤흔들어 놓았다.

또 나아가서 1572년에 나타난 새로운 별-초신성과 1577년에 나타난 혜성이 아리스토텔레스의 주장과 달리 지상이 아닌 천상에 속한 것이라는 증명은 천상이 갖는 불변성과 완벽성에 일격을 가했다. 그러나 이 새로운 진전의 의미를 실험도구로 뒷받침한 사람은 아직 없었다.

갈릴레오가 직접 만든 20배율 망원경으로 달을 관찰했을 때 달 표면은 결코 매끈하지 않았다. 거칠고 울퉁불퉁했다. 생각했던 대로 달 표면이 완전히 매끄럽다면, 밝은 부분과 어두운 부분의 경계선 역시 매끈한 곡선이어야 했다. 그런데 실제로는 전혀 그렇지 않았다. 경계선이 매우 꼬불꼬불하고 울퉁불퉁했던 것이다. 밝게 보이는 지역 안에는 다소 어두운 부분-반점이 포함되어 있었는데, 태양 빛의 방향이 바뀜에 따라 이 반점은 더 넓어지거나 좁아졌다. 어둡게 보이는 지역 안에는 밝은 부분이 거의 없었다. 따라서 갈릴레오는 지구 표면처럼 달 표면도 산과 계곡과 평야로 이루어져 있다는 결론을 내리게 되었다. 1610년 1월 7일자 편지에서 그는 망원경으로 관측한 것을 처음으로 이렇게 묘사했다.[25]

> …여러 위대한 사람들이 믿어 왔던 것과 달리, 저는 달이나 그 밖의 천체가 평평하지도, 매끈하지도, 고르지도 않다는 사실을 분명히 알게 되었습니다. 오히려 정반대로, 달 표면은 거칠고 울퉁불퉁하게 보였습니다. 간단히 말해서, 달 표면에는 지구 표면과 비슷하지만 사실상 훨씬 더 커다란 산과 계

곡이 있다는 결론 외에는 다른 결론을 내릴 수 없는 것처럼 보입니다.

갈릴레오는 이어서 아주 자세하게 현상을 묘사했고, 몇 달 후 출간한 『시데레우스 눈치우스』에서 그 관측과 결론을 더욱 정교하게 되풀이해서 말했다. 그는 배율이 30배에 이르는 망원경을 거의 다 만들었다며 이렇게 썼다. "아주 특별한 망원경 없이는 위에서 설명한 것들을 전혀 관측할 수 없을 뿐만 아니라 위의 결과를 얻을 수도 없습니다. 그래서 천체의 뭔가를 이렇게 가깝고 이렇게 뚜렷하게 바라본 것은 이 세상에서 제가

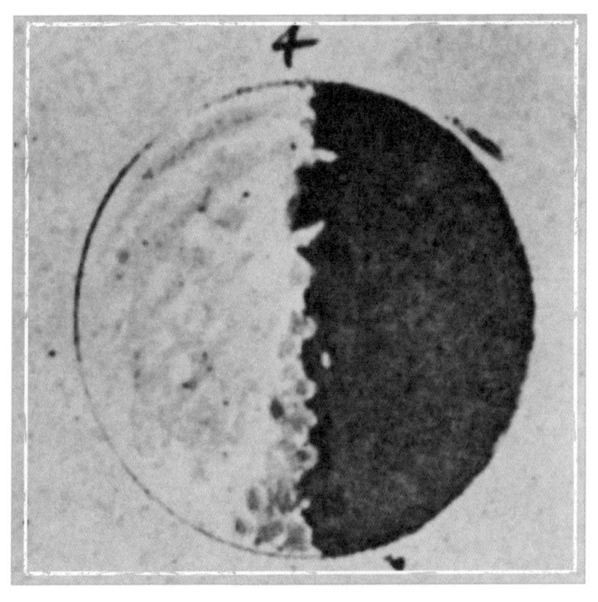

갈릴레오가 흑백으로 그린 달의 모습 가운데 하나
(『Le Opere di Galileo Galilei』 3권(1892): 48)

처음이 아닌가 합니다."[26]

이 무렵 그는 자신의 관측이 역사적으로 매우 중요하다는 사실을 확실히 알고 있었다. 그러나 불과 석 달 후, 다음과 같은 또 다른 관측으로 인해 명성을 날리게 될 줄은 미처 알지 못했다.[27]

> 달 관측과 더불어, 다른 별들에 대해서도 다음과 같은 관측을 했습니다. 먼저, 망원경 없이는 식별할 수 없던 많은 붙박이별들을 관측할 수 있었습니다. 오늘 저녁에는 너무나 작아서 전혀 보이지 않았던 세 개의 작은 붙박이별이 목성 옆에 있는 것을 보았습니다. 각각의 배치는 다음과 같았습니다.

앞에서 말했듯이, 다른 사람들 역시 망원경을 사용하면 맨눈으로 보는 것보다 훨씬 더 많은 별을 관찰할 수 있다는 것을 이미 알고 있었다. 그러나 태양계에서 가장 큰 행성인 목성 근처에 있는 붙박이별이라고 생각한 별 세 개의 배치도를 그려 보인 것은 갈릴레오가 처음이었다. 갈릴레오는 그 별들이 목성과 직선을 이루고 있다는 사실과, 크기에 비해 매우 밝다는 것에 주목했다. 이튿날 그는 그 별들이 결코 붙박이가 아니라는 사실을 발견했다.

갈릴레오는 행성들이 붙박이별과 달리(마치 작은 달과 같이) 작지만 뚜렷한 구형으로 보인다고 편지에서 언급하고 있다. 『시데레우스 눈치우스』에서는 이것 역시 더 자세히 다루고 있다. 또한 같은 편지에서 갈릴레오는 이 모든 관측이 쉽게 이루어진 것이 아니었다는 것을 강조하기 위해 다음과 같은 주의를 주었다.[28]

…망원경은 움직이지 않게 단단히 고정시켜야 합니다. 관측자의 호흡과 맥박 때문에 손이 흔들리는 것을 막기 위해서라도 안정된 장소에 망원경을 고정시키는 것이 좋습니다. 렌즈는 청결한 헝겊으로 아주 깨끗하게 닦아 주어야 합니다. 그러지 않으면, 숨이나 공기 중의 습기, 안개 또는 눈에서 나오는 훈김 때문에 안개가 낀 듯 흐려지게 됩니다. 이 점은 주위가 따뜻할 때 더욱 주의해야 합니다.

갈릴레오가 사용한 망원경—물체가 바로 선 것처럼 보이는 접안 오목렌즈가 있는—은 시야가 매우 좁다는 것을 염두에 두어야 한다. 20배율 남짓한 배율의 망원경으로는 달이 절반 정도밖에 보이지 않는다. 이렇게 시야가 좁은 망원경은 사용하기가 꽤 까다로운데, 단단히 고정되어 있지 않을 경우 더욱 그렇다. 목성같이 작은 천체는 이런 망원경으로 찾기가 쉽지 않으며, 계속 포착하고 있기도 여간 어려운 일이 아니었다.

1월 7일자 편지는 망원경으로 발견한 현상에 대해 최초로 과학적 언급을 한 것이다. 목성 위성들에 관한 것을 제외하면, 이 언급은 그로부터 9주 후에 발간한 『시데레우스 눈치우스』의 개요라고 할 수 있다. 하지만 이 발견은 그 후 갈릴레오를 유명하게 만든 연속적인 사건의 시작일 뿐이었다.

갈릴레오의 20배율 망원경은 달이나 지상의 물체를 관찰하기에는 제격이었다. 그러나 붙박이별이나 행성처럼 매우 작고 밝은 천체를 관측하기에는 심각한 한계가 있었다. 그것은 광학적 불완전성 때문이었다. 완벽하게 일정한 곡률을 가진 구면 렌즈라 하더라도 구면수차와 색수차를 일으키게 된다.[29] 색수차는 당시 갈릴레오도 미처 몰랐던 문제이다. 더구나 초기 렌즈는 곡률도 일정치 않았다. 그래서 촛불이나 별처럼 밝기가 크기에 비례하는 물체의 상은 뚜렷이 비치지 않았다. 마치 무지개 빛깔의 색으로 둘러싸인 듯 보인 것이다.

갈릴레오는 별이나 행성을 관측하기 위해, 계속해서 상의 질을 개선하려고 노력했다. 그러한 노력의 하나로 갈릴레오는 망원경의 구경을 조절할 수 있는 방법을 생각해 냈다. 대물렌즈 앞에 마분지로 테를 두르는(렌즈 둘레를 약간 가리는) 방법을 고안한 것이다. 이런 방법을 쓰면 비교적 렌즈의 곡률이 일정한 광축 근처에만 입사광이 들어올 수 있었다. 그는

1월 7일자 편지에 이렇게 썼다. "눈에서 먼 쪽의 볼록렌즈 일부를 가려서, 렌즈의 남은 부분이 달걀 모양이 되게 하는 것이 좋습니다. 이렇게 하면 상이 훨씬 더 분명하게 보입니다."[30] 달걀 모양의 대물렌즈 테를 둘렀다는 것은, 갈릴레오가 사용한 이 망원경의 대물렌즈가 비점수차非點收差를 일으키게끔 연마되어 있다는 것을 뜻한다. 이것은 초기 망원경 렌즈가 얼마나 원시적이었는가를 여실히 드러낸다. 이 시기에 선호된 망원경은 과감히 구경을 줄인 것들로, 20배율 망원경의 지름은 1.5~2.5센티미터였다. 따라서 이 망원경의 집광력은 우리 눈의 두어 배에 지나지 않았다. 이 대물렌즈의 초점거리(렌즈 중심과 초점과의 거리)는 1미터쯤이었기 때문에, 망원경의 초점거리 비는 f/50 남짓이었다. 이것은 17세기 내내 표준으로 받아들여졌다. 갈릴레오가 이런 방법을 망원경에 처음 적용한 사람이라는 것은 의심의 여지가 없다. 이 일은 그가 1월 7일자 편지를 쓰기 직전에 일어났을 것으로 짐작된다.

갈릴레오는 작고 밝은 물체의 상이 잘 맺히도록 망원경의 질을 향상시킨 후, 행성과 붙박이별을 계속 관측했다. 행성이 작은 구나 원반 모양으로 보이는 반면, 당시 '붙박이별fixed stars'[31]이라고 불린 항성은 그렇지 않다는 것을 그는 알게 되었다. 이것은 그가 은근히 지지하고 있던 코페르니쿠스의 가설을 확인할 수 있는 중요한 단서였다.[32] 코페르니쿠스의 이론에 의하면 '붙박이별'이 행성보다 훨씬 더 멀리 있기 때문이다.

모든 행성이 관측하기 좋은 위치에 있었던 것은 아니다. 1610년 1월초에는 금성이 새벽하늘에 있었다. 그런데 토성과 화성은 태양 가까이 있었고 지구에서는 아주 멀리 떨어져 있었다. 이 행성들을 관측하기에는 하늘이 너무 밝았고 행성은 상대적으로 어둡게 보였다. 그래서 갈릴레오는 행성들이 원반 모양으로 보인다는 것 외에는 아무것도 알아내지 못했다. 그러나 목성의 경우는 달랐다. 당시 목성은 충(衝, opposition: 태양-지구-목성을 잇는 직선 위에 있으며 지구와 가장 가까운 위치: 옮긴이)을 지나고 있었기 때문에 저녁 하늘에서 가장 밝게 보였다. 1월 7일 저녁, 갈릴레오는 새롭게 고안한 망원경으로 목성을 바라보았다. 이때 그의 관심은 온통 앞에서 언급한 작은 별들의 배열에 모아져 있었다. 물론 그는 한 줄로 서 있는 3개의 붙박이별을 보고 있다고 생각했고, 그날 저녁 목성이 우연히 붙박이별들 사이를 지나고 있는 줄 알았다. 충 근처에서는 목성의 움직임이 다른 붙박이별에 대해 역방향으로, 즉 동에서 서로 움직인다.[33] 따라서 이튿날 목성을 찾았을 때, 그는 별들이 동일한 배열을 이루고 있고, 목성은 서쪽으로 움직인 것을 보게 되리라고 기대했다.

그러나 그의 기대는 빗나갔다. 목성이 사실상 같은 직선 위에 있으면서 동쪽으로 움직인 것이다. 갈릴레오는 매우 당황했다. 그는 천문학 표가 잘못되었고, 목성이 서에서 동으로 움직이는 운동 방향이 맞을 거라고 생각했다. 그러나 이런 이상한 목성의 움직임은 갈릴레오의 흥미를 자극했다.

사실을 확인하기 위해 다음 날 밤을 기다렸지만, 1월 9일은 날이 흐려서 관측을 할 수 없었다. 그는 다음 날까지 더 기다려야 했다. 목성을 관측할 수 없었던 그 하루가 그에게는 어느 날보다도 더 길게 느껴졌다. 1월 10일, 놀랍게도 그는 3개의 붙박이별 가운데 오직 두 개의 별만 볼 수 있었고, 목성은 두 별의 서쪽에 있었다. 분명 행성이 동에서 서로 역행을 한 것이었다. 그러나 대체 어떻게 이런 식으로 별들의 위치가 바뀔 수 있는 것일까? 이후 몇 주일에 걸친 관측으로 갈릴레오는 이 4개의 별들이 목성으로부터 멀어지지 않고, 일직선을 이루며 늘 목성과 함께 있다는 사실을 알게 되었다. 또한 이 별들이 실제로 목성을 중심으로 서로 일직선상에서 움직이고 있다는 것도 알게 되었다. 갈릴레오는 적어도 1월 15일 이전에 이상한 이 움직임에 대한 해답을 알게 되었을 것이다. 즉, 이 '붙박이별'들은 목성의 '위성'임을 알아낸 것이다. 목성에는 달이 4개가 있었다!

이 발견의 놀라움과 중요성은 실로 엄청났다. 유사 이래 하늘에는 오직 일곱 개의 떠돌이별, 곧 해, 달, 수성, 금성, 화성, 목성, 토성만 있을 뿐이라고 믿고 있었다. 그런데 갑자기 이 가운데 하나가 4개의 동반자를 갖고 있었음이 드러난 것이다. 이 동반자들은 아득한 옛날의 위대한 철학자들에게 전혀 알려져 있지 않은 존재였다. 그리고 이것은 코페르니쿠스의 이론에 반대하는 주요 비판을 일거에 물리칠 수 있는 증거였다. 즉, 만약 지구가 행성이라면 왜 지구만이 주위를 맴도는 위성을 갖고 있는가, 그리고 어떻게 우주에 2개의 운동 중심이 있는가에 대한 답을 제시할 수 있었던 것이다. 이제 지구만이 유일하게 위성을 갖고 있는 게 아니라는 사실이 밝혀졌다. 또한 어떤 세계관을 지지하든지 간에 하나 이상의 운동 중심이 존재한다는 것도 명백해진 것이다. 목성의 위성 발견도 대단한 사건이었지만, 달 표면이 울퉁불퉁하다는 것의 철학적 의미는 그보다 훨씬 더 컸다. 그것은 천체가 완벽하지 않다는 객관적 증거였기 때문이다.

다른 사람들도 곧 이와 같은 현상을 발견하지 않을까? 갈릴레오는 될 수 있는 대로 빨리 이것을 발표해야 한다는 것을 잘 알고 있었다. 관측자가 성실하기만 하면 갈릴레오의 망원경보다 못한 것으로도 달 표면을 충분히 관측할 수 있었다. 게다가 목성의 달들은 목성 주위에 인상적으로 밝게 배열되어 있어서, 갈릴레오의 것과 비슷한 배율을 가진 망원경을 만들 수 있는 사람이라면 누구든 관심을 가질 만했다.[34] 분명 그건 시간 문제였다. 갈릴레오는 특종을 빼앗기고 싶지 않았다. 생활수준을 높이고 싶은 욕망 때문에라도 더욱 그러했다. 하지만 베네치아 의회는 이제 희망이 없었다. 갈릴레오는 여러 해 동안 자신의 고향인 토스카나 사람들과 연락을 계속하고 있었다. 몇 년 전, 1605년 여름에는 4년 후 토스카나의 대공 코시모 2세가 될 젊은이 코시모 데 메디치에게 수학을 가르친 적도 있었다. 그 후에도 갈릴레오는 메디치 왕실과 자주 접촉했다. 그러니 이제 이 눈부신 새 발견을 절호의 기회로 삼아, 고향 땅의 통치자에게 두둑한 후원금을 얻어 낼 수 있을 거라 생각했다.

갈릴레오는 계속 목성의 위성을 관측하면서 기록을 했다. 우리가 볼 수 있는 별자리와 별무리에 있는 별들의 그림도 그렸다. 이에 앞서서, 그는 그해 가을 무렵에 피렌체에 잠시 들른 적이 있었다.[35] 아마도 그때, 그는 망원경을 통해 달이 어떻게 보이는지 대공에게 알려 주었을 것이다. 마침내 1월 30일, 그는 토스카나 왕실 앞으로 짧은 편지를 보내 자기가 발견한 것을 알렸다.[36]

> 저는 지금 베네치아에서 제가 만든 망원경으로 천체 관측을 한 결과를 출판하려고 하고 있습니다. 관측 결과는 너무나도 놀라운 것입니다. 오랜 세월 감춰져 있던, 이 놀라운 것들을 관측한 최초의 사람이 되게 해 주신 신의 은혜에 무한히 감사할 따름입니다. 저는 달이 지구와 매우 비슷하다는 것을 이미 확인한 바 있습니다. 전하께도 그것을 일부 보여 드린 바 있었습니다만, 그 당시 지금의 것보다 성능이 떨어지는 망원경을 갖고 있었기 때문에 불완전한 관측이었습니다. 그러나 저는 망원경 덕분에 달만이 아니라 전에는 전혀 보지 못한 한 무리의 붙박이별들이 이루는 놀라운 광경을 볼

수 있었습니다. 별들은 맨눈으로 보는 것보다 망원경으로 볼 때, 열 배 이상 많았습니다. 나아가서 저는 많은 철학자들이 항상 논쟁해 온 것, 곧 은하수가 무엇인가에 대한 확실한 답을 얻을 수 있었습니다. 그러나 더욱 놀라운 것은 4개의 새로운 행성을 발견했다는 것입니다(여기서 갈릴레오는 '위성'을 '행성'이라고 말하고 있다 : 옮긴이). 다른 모든 붙박이별들과 달리 이 4개의 행성이 고유하면서도 특별한 움직임을 보인다는 것도 관측했습니다. 이 행성들은 커다란 다른 별[37]의 둘레를 돌고 있었습니다. 금성과 수성처럼 말입니다.[38] 이 움직임은 아마도 태양 둘레를 도는 다른 행성들의 움직임과 동일할 것입니다. 출판을 통해 모든 철학자들과 수학자들에게 보낼 이 소책자의 인쇄가 끝나는 대로, 성능이 우수한 망원경과 함께 책을 대공께 보내드리겠습니다. 그러면 대공께서도 친히 이 모든 것이 진실임을 확인하실 수 있을 것입니다.

머지않아, 갈릴레오는 코시모 대공과 그의 세 형제들에게서 "거의 초자연적인 지식의 새로운 증거에 크게 놀랐다"는 말을 듣게 된다.[39] 그는 이에 대해 매우 영리하게 대처했다. 2월 13일, 그는 대공의 비서에게 이런 편지를 보냈다.[40]

저는 새로 관측한 것을 모든 철학자들과 수학자들에게 발표하고자 합니다.

그러나 그 전에 먼저 대공 전하의 허가를 받고자 합니다. 신께서는 그러한 특별한 징조를 통해, 코시모 대공 전하의 영광스러운 존함이 별들과 영원토록 더불어 하고자 하는 저의 소망을 이루고 전하께 헌신할 수 있도록 은혜를 베풀어 주셨습니다. 새로운 행성의 최초 발견자로서 저는 그 별들에 이름을 붙일 권리가 있으므로, 저는 당대에 가장 위대한 영웅들의 이름을 별에 붙여 준 고대 현인들의 관습에 따라 그 행성들에 코시모 대공 전하의 이름을 붙이고자 하온데, 다만 이 별들을 모두 대공 전하의 이름을 따서 '코시모 별Cosmian(라틴어로 Cosmica)'[41]로 부를 것인지, 아니면 별들이 정확히 네 개이므로 이들을 네 형제께 나누어 드려서 '메디치 별Medicean Stars'이라고 부를 것인지 아직 결정을 내리지 못하고 있습니다.

코시모 대공의 비서는 갈릴레오에게 보낸 답장에서 나중 제안이 더 좋겠다고 알려 주었다.[42] 그러나 편지를 보낼 때 갈릴레오는 대공이 그 별을 '코시모 별'이라고 부르는 것을 더 좋아할 거라고 생각하여, 그래서 비서의 답장을 받기 전에 이미 인쇄를 시작해 놓았다. 이런 까닭에 본문 첫 페이지에는 새로운 행성 이름이 '코시모 별Cosmica Sydera'이라고 잘못 표기되었다. 오류를 수정하기 위해서 대부분의 책에 '코시모'라고 씌어진 부분 위에 '메디치Medicea'라고 고친 교정지를 붙였다.[43] 책이 인쇄되고 있는 동안에도 갈릴레오는 계속 새로운 행성을 관측했다. 이 책과 관련한 그의 마지막 관측일은 1610년 3월 2일이다. 마지막 순간 갈릴레오는 몇몇 별들의 실제 배치를 나타내는 삽화와 설명을 덧붙여서, 붙박이별들에 관한 내용을 늘리기로 결정했다. 그래서 그 내용을 포함한 네 페이지는 페이지 번호도 없이 책에 삽입되었다. 아마 그는 책 인쇄가 거의 끝나 갈 때까지 계속 수정을 한 것 같다. 그래서 마지막 몇 페이지의 원고는 문장을 새로 넣거나 수정한 흔적이 허다해서 초고처럼 지저분하다.[44]

『시데레우스 눈치우스』의 헌사는 1610년 3월 12일자로 되어 있다. 이튿날인 3월 13일, 갈릴레오는 제본되지 않은 인쇄물을 편지와 함께 토스카나 왕실에 보냈다.[45] 3월 19일에는 그가 발견에 사용한 망원경과 함께 정식으로 제본된 책을 보냈다. 코시모 대공은 하늘의 새로운 현상을 직접 살펴볼 수 있었다. 갈릴레오는 이 책이 550부 인쇄되어 벌써 다 팔렸으며, 내용을 보완한 재판을 찍을 계획이라는 말을 했으나,[46] 이 계획은 실행되지 않았다.

갈릴레오는 심사숙고 끝에 이 작은 책의 제목을 『시데레우스 눈치우스』라고 정했다. 머리말에서 언급한 대로, '눈치우스'라는 낱말은 '메신저' 또는 '소식'을 의미한다. 갈릴레오는 편지에서 이 책을 '소식' 또는 '공지'의 의미를 갖는 '아비소Avviso'라는 이탈리아어로 일컬었다.[47] 즉, 『아비소 아스트로노미코*Avviso Astronomico*』란 제목을 사용한 것이다. 따라서 우리는 그가 '눈치우스'라는 낱말을 '소식'이란 의미로 사용했다는 것을 미루어 알 수 있다. 그러니 이 책의 제목은 "별의 소식Starry Message" 또는 "하늘의 소식Sidereal Message"이라고 번역하는 것이 옳을 것이다. 그러나 요하네스 케플러를 비롯한 당대인들은 '눈치우스'라는 낱말의 의미를 '메신저'로 받아들였고, 갈릴레오도 오랫동안 그런 해석에 반대하지 않았다. 그래서 이 작품을 『별의 메신저*Starry Messenger*』 또는 『하늘의 메신저*Sidereal Messenger*』로 부르는 전통에도 나름대로 근거가 있다고 여겼기에 이 책에서도 그것을 채택하였다.

『시데레우스 눈치우스』는 코시모 2세를 찬양하고, 새로운 행성들을 그에게 바친다는 미사여구의 편지로 시작된다. 과학에 대한 재정 지원이 개인의 후원에 의존하던 19세기까지 이런 편지를 덧붙이는 것은 일반적인 관행이었다. 갈릴레오는 이 책을 두 종류의 독자, 곧 그의 후원자인 코시모 2세와 동료 과학자들을 위해 썼다. 이런 방법은 성과가 있었다.

『시데레우스 눈치우스』의 본문은 발견의 새로움과 탁월함을 간단히 예증하는 전형적인 미사여구로 시작한다. 이어서 도구에 대해 짧게 묘사하고 기능을 설명한다. 그 후 비로소 그가 발견한 것에 대한 설명이 시작된다. 설명은 크게 두 부분의 내용으로 나뉜다. 달에 대한 내용과 목성의 위성에 대한 내용이 그것이다. 그 사이에 붙박이별들에 대한 짧은 설명과 항성과 행성의 겉모습 차이에 대해 설명이 삽입되어 있다. 상대적으로 결론 부분은 매우 짧았는데, 갈릴레오가 출판을 서둘렀다는 것을 감안한다면 그건 그리 놀라운 일이 아니다.

달에 대한 부분은 그 자체로도 하나의 짧은 논문이라고 할 수 있다. 그것은 갈릴레오가 망원경을 사용해서 얻은 최초의 연구 결과이고, 일관된 짜임새와 논증의 설득력 면에서도 이 책에서 가장 우수한 부분이다. 여기에는 달 표면이 바위투성이라는 사실을 나타내는 빛과 그림자의 움직임에 대한 자세한 설명이 담겨 있다. 이 설명은 눈으로 직접 볼 수 있는 증거를 통해 달을 상세히 그려 내고 있다는 점에서 주목할 만하다. 책에 수록된 삽화의 질은 좀 미흡하지만, 그래도 호소력은 크다. 갈릴레오는 달에서 보이는 현상을 지구에서 흔히 볼 수 있는 현상과 비교함으로써 달과 지구의 유사성을 강조한다. 심지어 어떤 대목에서는 크고 둥근 중앙 계곡—알바테그니우스Albategnius 크레이터(구덩이)였을 가능성이 큰 곳—을 보헤미아 분지(산에 둘러싸인 커다란 평원)에 비교하기까지 했다. 나아가서 이 천체와 지구 사이의 유사성이 옛날 피타고라스 학파의 우주론과 연관이 있다는 얘기를 하고 있다. 그 우주론은 당시 코페르니쿠스의 이론을 언급할 때 잘못된 인용이기는 했지만, 자주 인용하였다.

갈릴레오는 자신의 발견이 혁명적이라는 것을 잘 알고 있었기 때문에 다양한 논쟁이 일어날 것을 예상할 수 있었다. 그래서 미리 책 속에서 예상질문에 대한 답을 달아 놓았다. 가령 달에도 많은 산이 있다면 왜 달의 윤곽이 우둘투둘한 톱니처럼 보이지 않는 것인가? 그는 이 점을 올바르게 해명한다. 달 가장자리의 산과 산 사이의 빈 공간은 그 앞뒤에 늘어선 다른 산들이 채우고 있다는 것이다. 그래서 멀리서 보면 테두리가 매끈한 원처럼 보인다. 달의 테두리 윤곽이 실은 다소 우둘투둘하다는 것을 볼 수 있을 만큼 좋은 망원경이 만들어지는 데에는 50년이라는 시간이 더 걸렸다.[48] 갈릴레오는 달이 둥글어 보이는 또 다른 설명으로, 지구와 마찬가지로 달이 에테르보다 더 밀도 높은 물질로 둘러싸여 있을지도 모른다고 주장했다. 하지만 나중에 이 주장을 거두어들였다.

갈릴레오는 달의 산들이 얼마나 높을까 하는 질문도 예상했다. 그는 산 그림자 길이를 통해 기하학적이지만, 비교적 정확하게 답을 이끌어 냈다. 그의 계산에 따르면, 달의 산 높이는 6킬로미터 이상으로 일반적인 지구의 산보다 훨씬 더 높았다.

달의 어두운 부분이 언제나 완전히 어둡게 보이는 것은 아니다. 예를 들면 태양과 지구 사이에 달이 위치하는 초승달 전후에는 달의 어두운 부분이 잿빛으로 빛나는 듯 보인다. 이 현상에 대해서는 몇 세기 동안 여러 가지 견해가 제시되어 왔다. 지구가 어두운 우주의 중심이고 태양 빛을 반사하지 않는다고 확신하는 한, 지금 우리가 알고 있는 설명은 생각해 낼 수 없다. 하지만 갈릴레오는 올바르게 이 현상을 설명하고 있다. 달이 초승달일 때 달에서 지구를 보면 보름달처럼 보일 것이다. 이때 지구에서 반사된 태양 빛이 달을 비추게 된다. 따라서 가느다란 낫의 날 모양으로 밝게 보이는 부분에 감싸인 달의 어두운 부분도 지구에서 희미하게 볼 수 있게 되는 것이다. 물론 갈릴레오가 이런 설명을 최초로 한 사람은 아니었다. 비록 발표되진 않았지만, 이러한 설명은 이미 한 세기 전 레오나르도 다빈치Leonardo da Vinci로부터 제안된 것이 있다.[49] 코페르니쿠스를 지지한 케플러의 스승 미하엘 마에스틀린Michael Maestlin도 지금은 없어진 1596년의 한 논문에서 같은 내용을 발표했다고 요하네스 케플러는 전하고 있다.[50] 케플러 자신도 1604년 자신이 쓴 책 『아스트로노미아 파스 옵티카*Astronomia pars Optica*(천문학의 시각적인 면)』에서 이 현상을 올바르게 설명하고 있다.[51]

이어서 갈릴레오는 별과 행성에 대해 얘기한다. 우선 그는 붙박이별을 망원경으로 보더라도 달을 보듯 그렇게 확대해서 볼 수는 없다고 지적한다. 망원경 덕분에 더 밝게 보이기는 했지만, 크기는 아주 조금만 더 커보였다는 것이다. 그와 달리 행성을 망원경으로 보면, 작은 달처럼 동그란 원반 모양을 완전히 볼 수 있었다. 크기에 비해 매우 밝은 이 작은 천체들을 관측한 것으로 미뤄 볼 때, 갈릴레오가 남들보다 더 훌륭한 망원경을 만들 수 있는 기술을 가졌다는 것을 확실히 알 수 있다. 물론 우리는 이 망원경의 우수성뿐만 아니라, 갈릴레오가 관측자로서 나무랄 데 없는 재능을 지녔다는 것도 인정해야 한다. 그는 망원경을 통해 확대되어 보이는 별의 모습이 대부분 그럴싸한 허상일 뿐이라는 사실을 알아냈다. 훨씬 더 좋은 망원경을 사용한 재능 있는 후대 관측자들조차도 때로는 별들이 지름을 측정할 수 있는 원반으로 보인다고 믿은 것과 사뭇 대비가 된다(항성의 경우 아무리 좋은 망원경으로 관측하더라도 별은 점으로 보이는 점광원일 뿐이다 : 옮긴이).

별과 행성의 크기에는 큰 차이가 있다. 따라서 논리적으로 항성은 행성에 비해 훨씬 더 먼 곳에 있어야 한다. 이 사실들은 코페르니쿠스의 이론을 뒷받침하고 있다. 그의 이론에 의하면 붙박이별들은 연주시차(年周視差, annual parallax: 지구가 반년마다 태양 반대편에 위치하기 때문에 가까이 있는 별들이 멀리 있는 별들과 상대적으로 그 겉보기 위치가 달라 보이는 현상 : 옮긴이)가 거의 없기 때문에 지구와 태양으로부터 까마득히 먼 곳에 있다고 봐야 한다. 따라서 당시 가장 멀리 있다고 믿었던 행성 중에서 토성도 붙박이별들과는 까마득히 멀리 떨어져 있는 셈이었다. 그런데 이상하게도 갈릴레오는 이것을 설명하면서 코페르니쿠스의 이론에 대한 언급은 하지 않았다.

이어서 망원경을 통해 볼 수 있는 헤아릴 수 없이 많은 붙박이별들에 관한 얘기가 나온다. 갈릴레오는 아주 잘 알려진 두 가지 별자리를 예를 들어 설명한다. 오리온자리의 허리띠와 칼 영역, 그리고 플레이아데스Pleiades 성단이 그것이다. 그는 오리온자리의 전체 성도를 만들려고 했지만, 별들이 너무 많아서 좁은 영역만을 골라서 성도를 그릴 수밖에 없었다. 이어서 은하수와 다른 성운 조각에 대한 얘기로 본문이 끝을 맺는다. 이것을 맨눈으로 보면 구름 조각처럼 보이지만, 망원경으로 보면 많은 별들의 집합체로 보인다고 그는 주장했다. 그는 오리온자리의 말머리 성운과, 게자리에 있는 프레세페Praesepe 성단, 즉 벌집Beehive 성단을 예로 들어 설명하고 있다.

『시데레우스 눈치우스』에서 가장 길게 다룬 내용은 목성 근처에서 새롭게 발견된 4개의 위성에 대한 것이다. 이 대목에서 갈릴레오는 1월 7일부터 3월 2일 사이에 관측한 결과를 설명하면서, 사실에 근거를 둔 이론을 명쾌하게 제시한다.

갈릴레오가 자신의 발견을 설명하면서 단순히 목성과 그 위성의 배열에 관해 한두 가지의 예만 들었다면, 그의 주장은 그다지 설득력이 없어 보였을 것이다. 갈릴레오는 다소 지루할 정도로 관측 결과를 길게 설명함으로써 독자로 하여금 다른 붙박이별들에 대한 전체 배열의 변화와 위성들의 움직임에 익숙해지도록 했다. 또한 자기가 무엇에 관심을 두고 관측을 해 왔는지를 자세히 설명했다. 그의 관측 결과를 요약하면 다음과 같다. 4개의 위성이 목성 둘레를 도는데, 목성은 세계의 중심-태양 둘레를 돈다. 목성 둘레를 도는 위성들의 궤도는 각각 크기가 다르며, 궤도가 작을수록 주기도 짧다. 갈릴레오는 그 주기를 정밀하게 계산하지 않았다. 다만 가장 가까운 위성의 주기가 하루 정도인 반면, 가장 먼 위성의 주기는 보름쯤이라고만 언급했다.

이때 갈릴레오는 코페르니쿠스의 우주관이 옳다는 것을 증명할 결정적인 기회를 잡은 것이나 다름없었다. 그러나 그는 그렇게까지 나아가진 않았다. 프톨레마이오스의 우주관에 의하면 지구만이 천체 운동의 유일한 중심이었다. 그러나 코페르니쿠스의 우주관에 의하면 태양과 지구가 저마다 운동의 중심이 될 수 있었다. 코페르니쿠스의 우주관을 반대하는 사람들은 이렇게 반박했다. "그러면 왜 지구만 유일하게 달을 갖고 있는가?" 그런데 이제 갈릴레오의 망원경은 그 질문에 대한 답을 제시할 수 있었다. 지구는 달을 가진 유일한 행성이 아니었을 뿐더러, 목성은 적어도 4개의 위성을 갖고 있었기 때문이다.

물론 아직도 작은 문제는 남아 있었다. 목성 둘레를 돌고 있는 위성의 겉보기 크기가 시간에 따라 달라 보인다는 점이 그것이다. 갈릴레오는 지구와 달처럼 목성이 에테르보다 더 밀도가 높은 물질로 둘러싸여 있다고 가정하여 이 문제를 설명하려 했다. 목성 위성과 관측자의 눈 사이를 그 물질이 부분적으로 가로막으면 그렇게 보일 수 있다고 설명한 것이다.

갈릴레오는 달에 관한 대목에서와 마찬가지로 다음에 발표될 책에서 우주 체계[우주관]에 대해 더욱 자세히 다루겠다고 독자들에게 약속했다. 그러나 그 책은 1632년까지 출간되지 않았다(1632년에 『프톨레마이오스와 코페르니쿠스의 두 세계관에 관한 대화』가 발표되었다: 옮긴이). 그는 더욱 많은 것을 관측해서 발표할 것을 약속함으로써 『시데레우스 눈치우스』를 끝맺었다.

1. 우리 눈에서 빛은 굴절된다. 각막, 안구 안의 수양액, 수정체(렌즈), 유리체를 거치며 굴절되는데, 모양이 고정되어 있지 않고 두께 조절이 가능한 것은 수정체밖에 없다. 수정체가 조절되지 않고 납작한 상태로 있을 때에는 먼 곳에서 온 빛이 망막에 상을 맺는다. 수정체가 조절되어 볼록하게 되면 가까운 물체에서 반사된 빛이 망막에 상으로 맺혀진다. 이 수정체의 유연성은 나이가 들수록 감소된다. 대부분의 사람이 40대가 되면 약 60센티미터 이내에 있는 물건의 초점을 잡는 데 어려움을 겪게 된다. 이런 상황에서 작은 글씨로 된 책을 보기는 쉽지 않다. 이 경우 단순한 볼록렌즈인 돋보기의 굴절률을 이용해야만 작은 글자를 읽을 수 있게 된다. 더 자세한 내용은 다음 논문을 참고. 코레츠Jane F. Koretz와 핸델만George H. Handelman의 「How the Human Eye Focuses」《*Scientific American*》 259, no. 1 (July 1988) : 92~99.
2. 로저 베이컨, 『대저작』 Robert B. Burke 번역, 2권.(Philadelphia : University of Pennsylvania Press, 1928), 2:574.
3. 같은 책, 582쪽.
4. 에드워드 로즌, 「Invention of Eyeglasses」, 『*Journal for the History of Medicine and Allied Sciences* II』(1956) : 13~46, 183~218.
5. Vincent Ilardi, 「Eyeglasses and Concave Lenses in Fifteenth-Century Florence and Milan : New Documents」, 《*Renaissance Quarterly*》 29호(1976) : 341~360. 근시인

경우엔 각막과 수정체가 가까이 있어 빛이 많이 굴절된다. 그래서 먼 곳에서 오는 빛이 망막 앞에서 초점이 맺히게 된다. 따라서 근시인 사람은 먼 곳에 있는 물체를 또렷이 볼 수 없고, 가까이 있는 물체만 선명하게 볼 수 있다.

6. 이 내용에 대해서는 다음 참고. 앨버트 반 헬덴, 「*The Invention of the Telescope*」, American Philosophical Society, 《*Transactions*》 67호, part 4(1977) : 5~16.
7. 같은 책, 24쪽.
8. 같은 책, 20, 35~36쪽.
9. 같은 책, 20~25, 35~44쪽.
10. 같은 책, 21~23쪽.
11. 같은 책, 25~28쪽.
12. 같은 책, 44~45쪽.
13. 1608년 12월 9일 만리오 두일리오 부스넬리Manlio Duilio Busnelli에 있는 프란체스코 카스트리노Francesco Castrino에게 쓴 파올로 사르피의 편지, 「Un Carteggio Inedito di Fra Paolo Sarpi con l'Ugonotto Francesco Castrino」, 《*Atti del Reale Istituto Veneto di Scienze, Lettere ed Arti*》 87호, part 2(1927~1928) : 1069년; 재발간 『*Fra Paolo Sarpi. Lettere ai Protestanti*』, Busnelli, 2권.(Bari : Gius. Laterza & Figli, 1931), 2:15; Jerome Groslot de l'Isle에게 보낸 사르피의 편지, 1609년 1월 9일, 같은 책, 1:58.
14. 1609년 3월 30일 사르피가 바도베레에게 보낸 편지는 다음 글 참고. Busnelli, 「Un Carteggio Inedito」, 116 O. 사르피는 편지를 보낸 후 3~5주 후에 답장을 받았다. 따라서 바도베레의 답장이 5월 중순쯤에 도착했다고 추측할 수 있다. 이것은 갈릴레오가 들은 소문이 "10개월 전에" 확인되었다고 말한 것과 일치한다. 즉, 갈릴레오는 이 말을 1610년 3월에 했는데, 여기서 10개월을 빼면 '1609년 5월'이 된다.
15. 갈릴레오, 『*The Assayer*(1623)』. 스틸먼 드레이크와 C. D. O'Malley, 『*The Controversy on the Comets of 1618*』(Philadelphia : University of Pennsylvania Press, 1960), 211 참고.

16. 『*Opere*』, 10:250, 255.

17. 같은 책, 253쪽. 스틸먼 드레이크의 다음 번역서를 약간 가필했다. 『*Galileo at Work: His Scientific Biography*』(Chicago: University of Chicago Press, 1978), 141쪽. 에드워드 로즌, 「The Authenticity of Galileo's Letter to Landucci」, 《*Modern Language Quarterly*》 12호(1951): 473~486 참고.

18. 『*Opere*』, 10:250~251.

19. 같은 책, 254쪽.

20. 같은 책, 19:116~117.

21. 『*Ambassades du Roy de Siam envoyé à l'Excellence du Prince Maurice, arrivé à la Haye le 10. Septemb. 1608*』(The Hague, 1608), 11쪽. 다음 참고. Stillman Drake, 『*The Unsung Journalist and the Origin of the Telescope*』(Los Angeles: Zeitlin & Ver Brugge, 1976).

22. Terrie Bloom, 「Borrowed Perceptions: Harriot's Maps of the Moon」, 《*Journal for the History of Astronomy*》 9호(1978): 117~122.

23. 갈릴레오가 달을 관측한 날짜에 관해서는 다음 자료 참고. Guglielmo Righini, 「New Light on Galileo's Lunar Observations」, 『*Reason, Experiment, and Mysticism in the Scientific Revolution*』, Maria Luisa Righini Bonelli and William Shea 편집(New York: Science History Publicaions, 1975), 59~76쪽; Owen Gingerich, 「Dissertatio cum Professore Righini at Sidereo Nuncio」, 같은 책, 77~88쪽; 스틸먼 드레이크, 「Galileo's First Telescopic Observations」, 《*Journal for the History of Astronomy*》 7호(1976): 153~168, 153~154; Righini, 『*Contributo alla Interpretazione Scientifica dell'Opera Astronomica di Galileo*, monograph 2, *Annali dell'Istitutoe Museo di Storia della Scienza*』(Florence, 1978), 26~44쪽. 나는 다음 책의 결론을 따랐다. Ewen A. Whitaker, 「Galileo's Lunar Observations and the Dating of the Composition of 『*Sidereus Nuncius*』」, 《*Journal for the History of Astronomy*》 9호(1978): 155~169.

24. Roger Ariew, 「Galileo's Lunar Observations in the Context of Medieval Lunar Theory」, 《*Studies in the History and Philosophy of Science*》 15호(1984) : 213~226.

25. 『*Opere*』, 10:273. 이 대목은 다음 번역을 따랐다. 스틸먼 드레이크, 「Galileo's First Telescopic Observations」, 《*Journal for the History of Astronomy*》 7호(1976) : 153~168, at 155.

26. 『*Opere*』, 10:277; 드레이크, 「Galileo's First Telescopic Observations」, 157. 이 번역을 일부 바꾸었다.

27. 『*Opere*』, 10:277; 드레이크, 「Galileo's First Telescopic Observations」, 157. 역시 이 번역을 다소 바꾸었다.

28. 『*Opere*』, 10:277~278; 드레이크, 「Galileo's First Telescopic Observations」, 158.

29. 구면곡률을 가진 렌즈에서는 광축과 평행한 입사광들은 한 점에 모이지 않는다. 구면수차라고 알려진 이 문제는 이 시대에 여러 명의 기술자에게도 알려졌다. 갈릴레오가 이 문제에 익숙해 있었을 수도 있지만, 이 시기에 그의 책에는 이 현상이 전혀 언급되어 있지 않다. 더욱이, 렌즈를 거치면서 입사광은 여러 가지의 색으로 분리되어, 각각의 색은 각각 다른 거리에서 초점을 맺는다. 색수차라고 알려져 있는 이 문제는 1672년 아이작 뉴턴이 처음으로 지적하였다. 이 두 가지 문제는 렌즈의 바깥 부분을 통과하는 빛에서 더 현저하게 드러난다.

30. 『*Opere*』 10:278; 드레이크, 「Galileo's First Telescopic Observations」, 158.

31. 아리스토텔레스의 우주관에 의하면, 천체는 땅에 있는 물체와 완전히 달랐다. 그는 모든 천체가 동일한 천상의 물질로 이루어졌을 거라고 보았다. 그래서 모든 천체는 별이라고 불렸다. 대다수를 차지하는 '붙박이별'은 별자리가 변하지 않은 채 지구 둘레를 도는 것으로 여겨졌다. 황도를 따라 움직이는 7개의 '떠돌이별wandering stars(눈으로 볼 수 있는 5행성과 태양, 달 : 옮긴이)'은 이 붙박이별들을 배경으로 삼아 좌표를 정했다. 영어 '행성planet'은 '떠돌이wanderer'를 뜻하는 그리스어 '플라네테스planetes'에서 파생된 말이다.

32. 스틸먼 드레이크, 「Galileo's Steps to Full Copernicanism and Back」, 《*Studies in*

the History and Philosophy of Science》 18호(1987): 93~105.

33. 지구를 포함한 모든 행성은 태양을 중심으로 모두 서쪽에서 동쪽으로, 즉 같은 방향으로 돌고 있다. 안쪽 궤도에 있는 것이 바깥쪽 것보다 더 빨리 돈다. 따라서 지구보다 바깥에 있는 행성이 충의 위치에 있을 때, 지구의 빠른 움직임 때문에 외행성의 겉보기 움직임이 황도면을 따라 거꾸로 움직이는 것처럼 보이게 된다. 즉, 동에서 서로 움직이는 것처럼 보이게 된다.

34. 충 근처에서 목성의 위성 4개의 밝기는 5~6등급이다. 이건 그 옆에 밝은 행성이 없으면 맨눈으로도 볼 수 있는 밝기이다. 고대 중국에서 이 가운데 적어도 하나를 맨눈으로 관측했다는 증거가 있다. 자세한 내용은 다음 참고. 시쩌쭝Xi Ze-Zong, 「The Sighting of Jupiter's Satellite by GanDe 2000 Years before Galileo」, 《*Chinese Astronomy and Astrophysics*》 5호(1981): 242~243; David W. Hughes, 「Was Galileo 2,000 Years Too Late?」, 《*Nature*》 296호(1982. 3. 18.): 199.

35. 스틸먼 드레이크, 『*Galileo at Work*』, 142.

36. 『*Opere*』, 10:280~281.

37. 목성

38. 프톨레마이오스의 한 변형 우주관에 의하면, 금성과 수성은 태양 둘레를 돈다.

39. 『*Opere*』, 10:281.

40. 같은 책, 283쪽.

41. 대공의 이름 '코시모Cosimo'를 라틴어 식으로 읽으면 '코스무스Cosmus'가 된다. 그런데 형용사형인 '코스미카Cosmica'는 우주 또는 세계를 뜻하는 그리스어 '코스모스Cosmos'의 형용사형이기도 하다. 따라서 '코스미카'는 '코시모의Cosmian'를 뜻하는 동시에 '우주의Cosmic' 또는 '세계의Worldly'라는 의미도 함께 갖고 있었다. 이러한 혼동 때문에 벨리사리오 빈타Belisario Vinta는 메디치라는 단어를 더 선호한 것이다. 메디치 가의 신화화 과정에서 목성이 갖는 중요성에 대해서는 다음 논문 참고. Mario Biagioli, 「Galileo the Emblem Maker」.

42. 『*Opere*』, 10:284~285.

43. Antonio Favaro, 『*Galileo Galilei e lo Studio di Padova*』, 2권(Padua, 1883) ; 재판 (Padua : Antenore, 1966), 1:299~300.

44. 『*Opere*』 3권, 1:46~47. 책의 마지막 두 페이지를 보면 프린트가 끼워져 있고, 약어로 가득하다는 점에 주목하라. 『*Sidereus Nuncius*』(Venice, 1610), f. 28 참고.

45. 『*Opere*』, 10:288~289.

46. 같은 책, 300쪽.

47. 같은 책, 283, 288, 298, 300쪽.

48. 이것은 1664년 조반니 도메니코 카시니Giovanni Domenico Cassini에 의해 처음 관측되었다. 주세페 캄파니, 『*Ragguaglio di due Nuove Osservazioni*』(Rome, 1664), 38~40.

49. 레오나르도 다빈치(1452~1519), Codex Leicester-Hammer, f. 2r. 제인 로버츠Jane Roberts, 『*Le Codex Hammer de Léonardo de Vinci, les eaux, la terre, l'univers*』 (Paris : Jacquemart-Andre, 1982), 12, 30.

50. 에드워드 로즌, 『*Kepler's Conversation with Galileo's Sidereal Messenger*』(New York : Johanson Reprint Corp., 1965), 32, 117~119.

51. 『*Ad Vitellionem Parilapomena in quo Astronomia Pars Optica Traditur* (1604)』, 『*Johannes Kepler Gesammelte Werke*』, 2:223~224

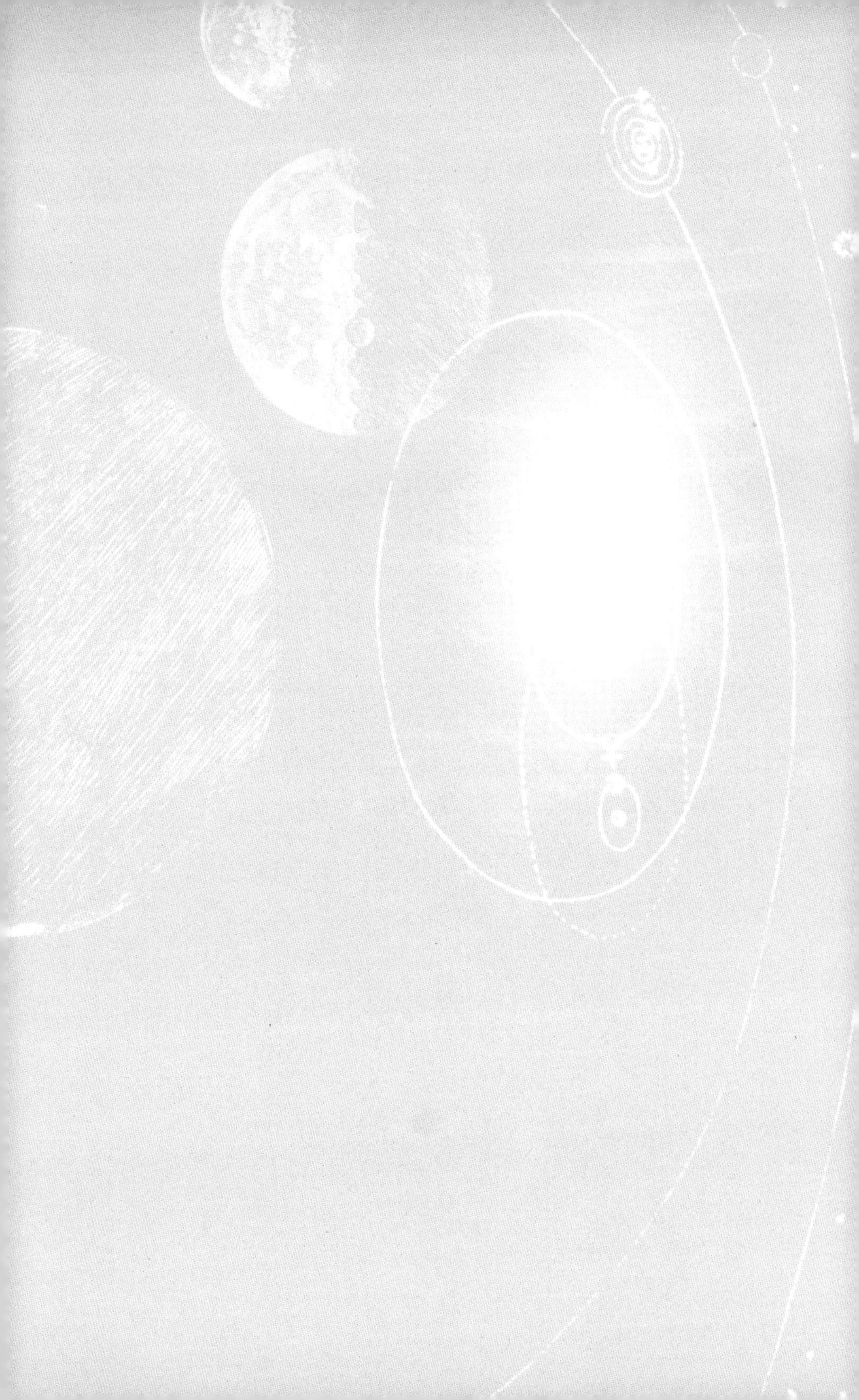

시데레우스 눈치우스

위대하고 경이로운 광경을 펼쳐 보이는

시데레우스 눈치우스

피렌체의 귀족[1]이자 파도바대학교의 수학 교수인

갈릴레오 갈릴레이가

최근 몸소 제작한[2] 망원경[3]으로

관측한 것들을

철학자와 천문학자를 비롯한 모든 이에게 밝힌 책.

달의 표면, 무수히 많은 붙박이별들,

은하수, 성운으로 보이는 별들,

특히 이제까지 그 누구에게도 알려지지 않았다가

얼마 전 갈릴레오가 최초로 발견하여

메디치 별[4]이라 명명한

공전주기가 서로 다르며 놀랍도록 주기가 짧은

목성 별 주위를 도는 4개의 행성에 대한 이야기.

SIDEREVS
NVNCIVS

MAGNA, LONGEQVE ADMIRABILIA
Spectacula pandens, suspiciendaque proponens
vnicuique, præsertim verò

PHILOSOPHIS, atq; ASTRONOMIS, quæ à

GALILEO GALILEO
PATRITIO FLORENTINO
Patauini Gymnasij Publico Mathematico

PERSPICILLI

Nuper à se reperti beneficio sunt obseruata in LVNÆ FACIE, FIXIS INNVMERIS, LACTEO CIRCVLO, STELLIS NEBVLOSIS, Apprime verò in

QVATVOR PLANETIS

Circa IOVIS Stellam disparibus interuallis, atque periodis, celeritate mirabili circumuolutis; quos, nemini in hanc vsque diem cognitos, nouissimè Author depræhendit primùs; atque

MEDICEA SIDERA
NVNCVPANDOS DECREVIT.

VENETIIS, Apud Thomam Baglionum. M DC X.

Superiorum Permissu, & Priuilegio.

고귀하신
토스카나의 네 번째 대공[5]
코시모 드 메디치 2세 전하께

탁월한 인간들의 위대한 업적에 대한 질시를 막아 내고, 그 불후의 명성을 망각과 몰락으로부터 지켜 낸 사람들이야말로 더없이 훌륭하고 아름다운 봉사를 해 왔다 하겠습니다. 그러한 이유에서, 대리석이나 청동 조각상을 전하여 후세 사람들이 잊지 않도록 하며, 또 그러한 이유에서, 걷거나 말을 탄 조각상을 세우기도 합니다. 또 그러한 이유에서, 어느 시인의 말[6]처럼 별에 닿도록 기둥을 세우고 피라미드를 올립니다. 결국 그러한 이유에서, 감사함을 느낀 후세 사람들이 영원토록 칭송해야 마땅하다고 생각하는 위대한 인물을 기리기 위해 그의 이름을 딴 도시를 세우기도 합니다. 끊임없이 외부에서 물질적인 이미지로 자극을 주어 기억을 일깨우지 않으면 쉽게 잊어버리는 것이 인간 정신의 한계이기 때문입니다.

하지만 좀더 영원하고 지속적인 것을 찾는 사람들은 위대한 사람들을 대리석이나 금속으로 기리지 않고, 뮤즈 신의 노래나 불후의 문자로 기리고자 했습니다. 이처럼 인간의 독창성이 더는 한계를 뛰어넘지 못하고 지상의 것에 만족해한다는 듯이 말씀드리는 데에는 이유가 있습니다. 사실 인간이 만든 기념물은 전쟁을 치르고, 비바람이나 세월에 삭아서 결국에는 없어지고 맙니다. 인간은 그것을 알기에, 게걸스럽고 샘이 많은 세월에 맞서서 더욱 오래 지속될 수 있는 독창적인 상징물을 생각해 냈습니다. 거의 신성하리만큼 눈부신 위업을 이룬 이들 가운데, 별과 더불어 영생을 누리기에 합당하다고 여겨지는 이들의 이름을 하늘로 올려서 가장 밝고 친근한 별에 그 이름을 배정하였던 것입니다. 그리하여 (올림포스의 신들인) – 주피터(목성), 마르스(화성), 머큐리(수성), 헤라클레스(별자리) 등의 드높은 이름은 그 별빛이 사라지기 전에는 결코 빛을 잃는 법이 없을 것입니다. 그러나 현명한 인간이 특별히 생각해 낸 고상하고 훌륭한 이 발명품은 여러 세대 동안 사용되지 않았습니다. 원시 영웅들이 제 권리라도 된다는 듯이 밝은 별들을 다 차지해 버렸기 때문입니다. 아우구스투스는 율리우스 카이사르의 이름을 원시 영웅들처럼 기리려고 했으나 뜻을 이루지 못했습니다. 당시 나타난 밝은 별(그리스 사람들이 코메타cometa[7]라고 부른 혜성 가운데 하나)에 '율리우스 별Julian Star'이란 이름을 붙이고 싶었지만, 이 별은 그의 소망을 비아냥거리듯 이내 하늘에서 사라져 버렸던 것입니다.[8] 그러나 이제 우리는 고귀하신 전하를 위하여 그보다 더욱 참되고 더욱 경사스러운 징조를 말씀드릴 수 있게 되었습니다. 불멸의 영혼인 전하의 은총이 지상을 밝히기 시작하자, 전하의 더없이 훌륭한 미덕을 밝히고 기리기 위해 하늘에서 밝은 새 별들이 나타났기 때문입니다.

전하의 찬란한 이름을 기리기 위하여 여기 4개의 별이 예비되어 있습니다. 이 별들은 너무 흔해서 주목할 만한 것이 못되는 평범한 붙박이별이 아니라, 참으로 빛나는 떠돌이별인데, 이 별은 그중에서 가장 우아한 목성 둘레를 놀라울 만큼 빠른 속도로 돌고 있습니다. 이 별들은 한 집안의 아이들처럼 서로 다른 궤도운동을 하며 목성 둘레를 도는데, 한편으로는 상호 조화 속에서, 목성과 더불어 12년에 한 번씩 세상의 중심, 곧 태양[9] 둘레를 크게 공전합니다. 실은 이 별들을 처음 발견했을 때, 별들의 창조주께서 저에게 새로운 이 별들을 다른 모든 이들 앞에서 전하의 찬란한 이름을 따서 명명하라고 명백히 충고하는 듯했습니다. 목성의 소중한 자녀인 이 별들은 그저 약간의 거리를 둔 채 결코 그 아버지[10]의 곁을 떠나지 않습니다. 그러니 그 모습을 보면 누구나 전하의 부드럽고 온화한 영혼, 호감을 주는 태도, 빛나는 왕의 혈통, 위엄 있는 행동, 다른 이들을 지배하는 폭넓은 권능을 한눈에 알아보게 될 것입니다. 전하의 내면에는 절로 고귀한 이 모든 품성이 깃들어 있습니다. 감히 말씀드리건대, 모든 선의 원천인 창조주를 본받아 더없이 자애로운 주피터의 별

(목성)에서 이 모든 품성이 유래했음을 모르는 자 누가 있겠습니까? 전하가 탄생하셨을 때, 지평선의 어두운 안개를 뚫고 중천[11]으로 솟아올라 왕실의 동편[12]을 비춘 별이 바로 목성이었습니다. 또한 이 목성은 장엄한 옥좌로부터 전하의 탄생을 지켜보았으며, 그의 광채와 위엄을 쏟아 부어 대기를 더없이 정결케 하였습니다. 그리하여 전하는 첫 숨을 들이켬으로써, 이미 창조주가 고귀하게 빚어낸 전하의 여린 육신과 영혼이 우주의 권능을 들이켤 수 있었던 것입니다.

자못 필요한 근거로부터 이것을 유도하고 확실히 증명할 수 있으니, 저로서는 그럴듯한 논법을 구사할 필요도 없습니다. 전하의 선친께서 지난 4년 동안 미천하기 이를 데 없는 제가 전하께 수학을 가르치게 하신 것은 그지없는 영광이었습니다. 그동안 저는 과중한 연구에 시달리지 않고 휴식을 취할 수 있었으며, 전하를 가까이 섬기면서 전하로부터 믿을 수 없을 정도의 온화함과 자상함의 광채를 접함으로써 정녕 성스러운 영감을 받은 것이 분명합니다. 그리하여 전하의 영광을 더없이 갈망한 저의 영혼은 밤낮으로 궁리하며, 제가 전하께 얼마나 감사하고 있는가를 나타낼 수 있기만을 염원하였습니다(이것은 단순한 갈망에서 비롯한 것이 아니라, 제가 태어날 때부터 이미 전하의 소유였다는 데에서 비롯한 것입니다). 이제까지 모든 천문학자들에게 감추어져 있던 별들을 제가 코시모 전하의 후원을 받아 발견하였기에, 저는 당연한 권리로서 전하 가문의 존귀한 이름으로 이 별들을 명명하기로 결심했습니다. 저는 이것을 처음 발견하였기에 마땅히 그 이름을 정할 권리가 있습니다. 다른 별들에 붙여진 다른 영웅들의 이름처럼 이 별들에 더욱 큰 영광이 더해지기를 바라마지않으며, 제가 이 별들을 '메디치 별'이라 부른다 하더라도 아무도 이 권리를 부인할 수는 없을 것입니다.[13] 온갖 역사적 기념물들이 증거하는 영광을 지니신 전하의 조상들에 대해 말하지 않은 것은[14] 위대한 영웅이신 전하의 미덕만으로도 전하의 이름을 붙인 이 별들을 불멸케 할 수 있기 때문입니다.

진실로, 전하의 통치가 시작된 바로 그 경사스런 순간, 전하께옵서는 신민들이 마음에 품은 최고의 기대를 그저 충족시키는 것만이 아니라, 훨씬 뛰어넘으리라는 것은 어느 누구도 감히 의심치 못합니다. 전하께서는 경쟁자들을 능가하셨음에도 불구하고, 항상 전하 자신과 경쟁하여 전하의 자아와 그 위대함을 날마다 갱신하고 계십니다.

그러므로 더없이 자비로우신 전하께옵서는 이 별들이 예비한 특별한 영광을 받아 주시고, 이 별들뿐만 아니라 별들의 창조자이고 지배자인 하느님께서 전하께 내려 주신 신성한 축복을 오랫동안 누리옵소서.

1610년 3월 이데스[15] 4일 전 파도바에서

전하의 충실한 종 갈릴레오 갈릴레이 올림.

파도바대학교의 종교 감독관들[16]로부터 허가를 받은 10인 위원회[17]의 공동의장인 우리는, 이 일에 대해 위임을 받은 종교재판관과 신중한 의회의 의장 조반니 마라빌랴Giovanni Maraviglia로부터 받은 보고에 따라, 『시데레우스 눈치우스』라는 제목의 이 책이 거룩한 가톨릭 교회의 신앙과 원칙, 그리고 아름다운 전통에 위배되지 않으며, 인쇄될 만한 가치가 있다는 진술에 의거하여, 이 책이 이 도시에서 출판되는 것을 허락하며 아래와 같이 서명하노라.

1610년 3월 1일

10인 위원회 공동의장

안토니오 발라레소M. Ant. Valaresso,

니콜로 본Nicolo Bon,

루나르도 마르첼로Lunardo Marcello,

10인 위원회 총무

바르톨로마이우스 코미누스Bartholomaeus Cominus

1610년 3월 8일, 39쪽의 책으로 등록함.

신성모독 판별위원회 주교보좌

이오안. 밥티스타 브레아토Ioan. Baptista Breatto

천문학 소식

새로 제작한 망원경 덕분에
최근 관측한 내용의 결과와 설명.
달의 표면, 은하수, 구름 모양으로 보이는 별들,
무수히 많은 붙박이별들, 지금까지 전혀 볼 수 없었지만
이제 '메디치 별'이라고 이름 붙여진
4개의 행성에 관하여.

이 짧은 논문에서 나는 모든 자연 탐구자들이 정밀 검토하고 숙고해야 할 대단한 것을 제시하고자 한다. 내가 대단하다고 말한 것은, 그 자체가 범상치 않기 때문이며, 워낙 새로워서 일찍이 수 세대 동안 들어 보지 못한 것이기 때문이며, 그것들을 우리 눈앞에 저절로 드러내 보인 도구 역시 대단하기 때문이다.

이제까지 맨눈으로 볼 수 있었던 수많은 붙박이별 외에도, 전에 보지 못한 무수한 별들—지금까지 알려져 온 것보다 10배가 넘는 별들—을 더 바라볼 수 있다면 정녕 대단한 일이 아닐 수 없다.[18]

지구 지름의 60배나 되는 거리에 있는 달을 마치 지구 지름의 2배 거리쯤에 있는 듯 가깝게 보는 것 역시 멋지고 즐거운 일이 아닐 수 없다.[19]

이렇게 달을 보면 맨눈으로 보는 것보다 지름은 30배[20], 겉넓이는 900배, 부피는 27,000배 더 크게 보인다. 누구라도 달을 이렇게 가깝게 바라본다면, 달 표면이 매끈하고 윤이 나기는커녕, 거칠고 울퉁불퉁하며 지구 표면처럼 아주 높은 산과 깊은 골짜기, 주름진 지형으로 가득 차 있다는 것을 확연히 알게 될 것이다.

나아가서, 은하 혹은 은하수에 관한 논란을 끝내는 것도 적잖이 중요한 일이며, 감각적으로든 지적으로든 은하수의 본질을 분명히 이해하는 것도 매우 중요한 일이다. 또한 모든 천문학자들이 성운이라고 부르던 별들의 본질이 지금까지 생각해 온 것과 사뭇 다르다는 것을 분명하게 증명하는 것 또한 아주 영광되고 즐거운 일일 것이다.

그러나 그 무엇보다도 경탄스러운 것, 모든 천문학자와 철학자들에게 특히 서둘러 발표하고 싶은 것이 또 있다. 지금까지 그 누구에게도 알려지지 않았고 관측되지도 않은 4개의 떠돌이별을 새롭게 발견한 것이다. 태양 둘레를 도는 금성과 수성처럼[21] 이것들은 우리에게 잘 알려진 특정한 하나의 별 둘레를 독특한 주기로 돌고 있다.[22] 떠돌이별들은 그 별을 앞서거니 뒤서거니 하며 결코 그 둘레를 벗어나지 않는다. 이 모든 것은 신의 은총으로 영감을 받은 후 내가 얼마 전에 망원경으로 발견한 것이다.

내 망원경과 비슷한 도구의 도움을 받는다면, 내가 아닌 다른 사람이라도 머잖아 이보다 더 획기적인 발견을 할 수도 있을 것이다. 따라서 내가 사용한 망원경의 형태와 구조, 그리고 그것을 어떻게 제작했는지를 먼저 간단히 설명하고, 그동안 내가 관측 결과를 얻게 된 경위를 상술하고자 한다.

한 10개월 전에, 어떤 네덜란드 사람[23]이 망원경을 만들었는데, 이것을 통해 보면 멀리 있는 것도 가까이 있는 것처럼 뚜렷하게 보인다는 소문이 들려왔다. 이런 놀라운 일에 대한 이런저런 이야기는 여러 나라에 퍼졌다. 이 소문을 믿는 사람도 있었지만 전혀 믿지 않은 사람도 있었다. 얼마 후 나는 파리에 있는 귀족 자크 바도보아의 편지를 통해 이 소문이 사실이라는 것을 확인할 수 있었다.[24] 그래서 나는 이 도구의 원리를 탐구해서, 비슷한 도구를 개발하거나 개선할 여지가 있는지 알아보기로 했다. 오래 지나지 않아서 나는 빛의 굴절에 관한 이론을 근거로 해서 더욱 성능이 향상된 비슷한 도구를 만들 수 있었다.[25] 우선 납으로 된 통을 만들어서 양 끝에 두 개의 안경알[26]을 끼워 넣었다. 이 안경알은 2개 다 한 쪽이 평면인데, 반대쪽이 하나는 볼록하게, 다른 하나는 오목하게 만든 것이다. 오목렌즈 쪽에 눈을 대고 바라보니 멀리 있는 사물이 가까이 있는 것처럼 크게 보였다. 맨눈으로 물건을 볼 때보다 거리는 3배 더 가깝게, 넓이는 9배 더 크게 볼 수 있었다.[27] 그 후 나는 넓이를 60배 더 크게 볼 수 있는 망원경을 몸소 만들었다.[28] 그 후 비용을 아끼지 않고 갖은 노력을 한 끝에, 맨눈으로 관측할 때보다 거리를 30배 더 가까이, 넓이는

약 1,000배나 더 크게 볼 수 있는 아주 훌륭한 망원경을 제작하기에 이르렀다.[29]

이 망원경이 육지와 바다에서 매우 유용하다는 것은 두말할 나위가 없다. 그러나 망원경으로 지상에서 할 수 있는 온갖 일을 잊어버리고 나는 애오라지 천체를 탐사했다. 우선 달을 관찰했다. 그 거리가 마치 지구 지름의 2배쯤에 있는 것처럼 매우 가까워 보였다.[30] 그 후 붙박이별과 떠돌이별[31]들을 자주 관측하게 된 나는 믿을 수 없을 만큼 기뻤다. 수없이 많은 별을 보고 나서, 별들 사이의 거리를 측정할 수 있는 방법에 대해 생각하기 시작했고, 결국 그 방법을 알아낼 수 있었다.

이 일에 대해서는 비슷한 관측을 하고자 하는 사람들이 미리 알아 두어야 할 것이 있다. 첫째, 무엇보다도 시야를 가리지 않고 물체를 밝고 확실하게 볼 수 있는 매우 정밀한 렌즈가 필요하다. 둘째, 그 망원경으로 거리를 20배쯤 가까이, 즉 넓이를 400배쯤은 크게 볼 수 있어야 한다. 망원경이 이 정도로 정밀하지 않으면, 내가 관측해서 아래 열거한 모든 것들을 보기 위해 노력해 봤자 헛일이 될 것이다. 망원경의 배율을 확인하는 간단한 방법은 다음과 같다. 먼저 두 장의 종이에 각기 크기가 다른 원이나 정사각형을 하나 그린다. 이때 큰 원은 작은 원의 400배가 되도록 그려야 한다. 원의 경우, 이렇게 하기 위해서는 큰 원의 반지름이 작은 원의 반지름의 20배가 되게 하면 된다. 그 다음 두 종이를 멀리 떨어져 있는 벽에 나란히 붙여 놓고 바라본다. 한쪽 눈으로는 망원경을 통해 작은 원을 보고, 다른 쪽 맨눈으로는 큰 원을 바라본다. 즉, 두 눈을 모두 뜨고 바라본다. 망원경이 제작자의 의도대로 만들어졌다면 두 그림은 똑같은 크기로 보일 것이다.

망원경이 준비되면, 거리를 측정하는 방법을 연구해야 한다. 방법은 다음과 같다. 이해를 돕기 위해, 관측자의 눈을 E라 하고 망원경 통을 ABCD라고 하자. 망원경 통에 렌즈가 끼워져 있지 않다면 빛은 ECF와 EDG의 직선을 따라서 물체 FG에 도달할 것이다. 그러나 렌즈가 있다면 빛은 굴절된 선 ECH와 EDI를 따라서 진행할 것이다. 렌즈가 없을 때에는 물체 FG를 볼 수 있었지만, 지금은 빛이 굴절되기 때문에 HI 부분만을 볼 수 있다.

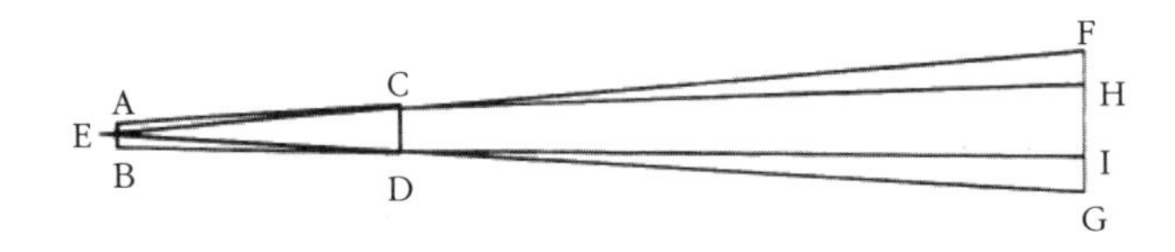

거리 EH와 직선 HI의 길이의 비를 알 수 있다면, HI를 마주보는 E각의 값을 사인표table of sines로 알아낼 수 있다. 이 각은 그 크기가 기껏해야 몇 분(′) 정도이다. 렌즈 CD에 크거나 작은 구멍이 뚫린 판을 붙이면, 더 크거나 작은 각을 얻을 수 있다. 이러한 방법으로 우리는 서로 몇 분 거리에 있는 별들을 1~2분 이하의 오차 범위 내에서 쉽게 측정할 수 있다.[32] 이 방법에 대한 논의는 일단 이 정도로 그치자. 망원경에 대한 완벽한 이론은 나중에 발표할 것이므로 여기서는 맛보기 수준에서 마치도록 하겠다.[33] 이제부터는 진심으로 철학을 사랑하는 사람들에게 심사숙고할 기회를 제공하기 위해 지난 두 달 동안 내가 얻은 관측 결과를 소개하겠다.

먼저 우리 쪽을 향하고 있는 달 표면에 대해 얘기하고 싶다. 이해하기 쉽도록 달 표면을 두 부분으로 나눠 보자. 즉, 상대적으로 '더 밝은 부분'과 '더 어두운 부분'이 그것이다. 더 밝은 부분은 보름달일 경우 반구 전체에 걸쳐 드러나 보인다. 반면에 더 어두운 부분은 구름이 낀 것처럼 달 표면에 얼룩을 드리워 반점을 이루고 있는 것처럼 보인다. 사실 어둑하고 다소 큰 반점은 옛날에도 누구나 보아 온 것이다 – 이것은 달 표면 전체(특히 더 밝은 부분)에 널리 분포해 있는 작은 반점들과 대비 되도록 '커다란 반점', 혹은 '옛 반점'이라고 부르겠다. 사실 작은 반점은 과거에 어느 누구도 본 적이 없었다.[34] 그런데 작은 반점들을 거듭 관측한 결과, 달과 모든 천체에 대해 옛날부터 많은 철학자들이 믿었던 것과 달리, 달 표면이 매끈하거나, 평평하거나, 완벽한 구 모양을 하고 있지 않다는 결론에 이르렀다.[35] 오히려 그와 반대로 달의 표면은 거칠고 울퉁불퉁하며,

높고 낮은 돌출부로 가득 차 있다. 즉, 달 표면에도 지구 표면과 아주 비슷하게 높은 산과 깊은 계곡이 있다. 이러한 결론에 이르게 된 관측 결과는 다음과 같다.

만약 달이 완벽한 구의 형태라면, 달이 빛나는 뿔 모양으로 드러나기 시작하는 합[36] 이후 4~5일이 지났을 때,[37] 달 표면의 밝은 부분과 어두운 부분의 경계면이 매끈하고 부드러운 달걀 모양이 되어야 한다. 그러나 실제 관측 결과는 그렇지 않다. 그림에서 보는 것처럼 달 표면은 고르지 않고 거칠며, 들쭉날쭉해 보인다. 경계 너머 어두운 부분에도 밝은 여러 점들이 흩어져 있고, 밝은 부분에도 어두운 반점들이 흩어져 있다. 햇빛을 받는 거의 모든 부분—어두운 부분과 떨어져 있는 곳—에 커다란 옛 반점 외에도 작은 반점들이 허다하게 흩어져 있는 것이다. 게다가 이 작은 반점들은 항상 태양 가까운 쪽이 어둡고, 태양에서 먼 쪽은 빛나는 산등성이로 둘러싸인 것처럼 더 밝은 경계를 이루고 있다는 공통점을 지니고 있다. 지구에서도 해가 뜰 때 이와 똑같은 현상을 볼 수 있다. 즉, 계곡이 아직 태양 빛을 받지 못하고 있을 때, 계곡을 둘러싼 산등성이는 태양 빛을 받아 빛난다. 태양이 점점 더 높이 솟아오를수록 지구의 계곡 그늘이 줄어드는 것과 마찬가지로, 빛나는 부분이 점점 더 커질수록 달의 검은 반점들도 차츰 어둠이 가시게 된다.

달의 밝은 부분과 어두운 부분의 경계선은 고르지 않고 꼬불꼬불한 것

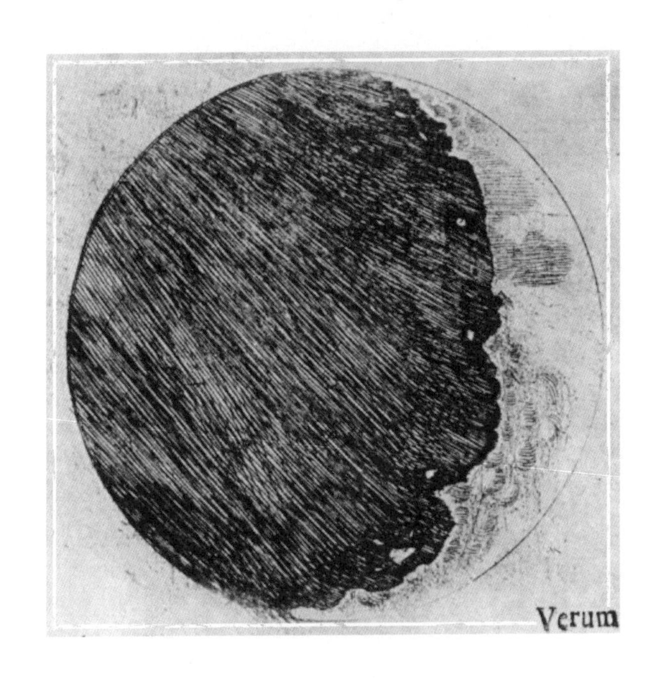

처럼 보인다. 그보다 더욱 놀라운 것은, 밝은 부분에서 아주 멀리 떨어진 어두운 부분에서도 밝은 점들이 많이 보인다는 사실이다. 작고 밝은 이 점들의 밝기와 크기는 시간이 지날 수록 점점 더 커진다. 실제로 두어 시간이 지나면 이 작고 밝은 점들은 주위에 있는 다른 밝은 점들과 합쳐져서 더 크고 밝은 점이 된다. 어두운 부분에서는 싹이 돋듯이 더욱 많은 밝은 점들이 생겨나 점점 커지고, 결국에는 어두운 부분과 밝은 부분이 합쳐지게 된다. 동트기 전 지구에서도 평지가 아직 어둠에 잠겨 있는 동안에는 높은 산의 봉우리가 먼저 햇빛을 받는다. 이 밝은 부분은 계속 늘어나서 산 중턱 등의 넓은 지역까지 햇빛을 받게 되고, 결국 태양이 완전히 떠오르면 평지와 언덕의 밝은 부분이 합쳐진다. 나중에 자세히 설명하겠지만, 달의 산과 계곡이 지구와 다른 점이 있다면, 지구보다 산이 훨씬 더 높고 계곡이 훨씬 더 깊다는 것이다.

또한 달의 상이 상현[38] 쪽으로 변해 가는 동안 내가 관측한 아주 중요한 것에 대해 꼭 짚고 넘어갈 것이 있다. 뿔 아래[39]에 해당하는 지역에서는 바다의 만과도 같은 어두운 부분이 밝은 지역 안으로 많이 파고들어 있다. 내가 관측을 한 지 한참이 지나도록 이것은 매우 어둡게 보였다. 그러나 약 2시간이 지나자 이 지역의 중간 아래 부분에서 밝은 봉우리가 떠오르더니 점점 커지기 시작했다. 이 봉우리는 삼각형 모양이었는데, 밝은 부분에서 여전히 멀리 떨어진 채 점점 커졌다.

달이 막 지려고 할 때, 또 다른 세 개의 작은 밝은 점이 근처에 생겨났다. 이 점들은 이미 아주 커진 삼각형 모양의 밝은 부분과 합쳐질 때까지 점점 커졌다. 곶串처럼 생긴 삼각형 모양의 밝은 부분은 바다의 만 모양의 어두운 부분을 줄여 나갔다. 또한 앞서의 그림에서 볼 수 있듯이, 뿔의 위와 아래 양 끝의 밝은 부분에서 멀리 떨어진 곳에 밝은 점들이 새로 나타났다. 양쪽 뿔 끝에는 작고 검은 점들이 아주 많은데, 특히 아래쪽에 많이 있다. 밝은 부분과 어두운 부분의 경계 가까이 있는 점들은 그중에서도 더 크고 더 어둡게 보이고, 경계에서 멀리 있을수록 덜 크고 덜 어둡게 보인다. 그러나 앞에서 말했듯이, 이 반점의 어두운 부분은—산 그

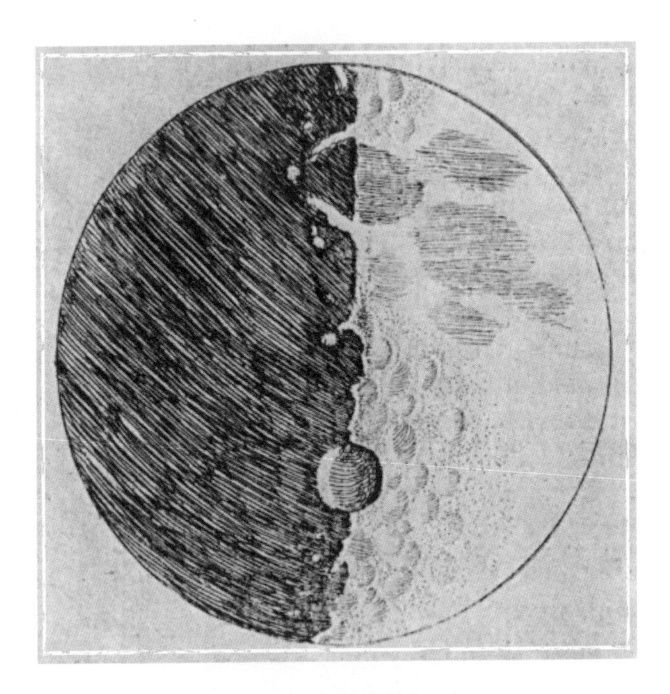

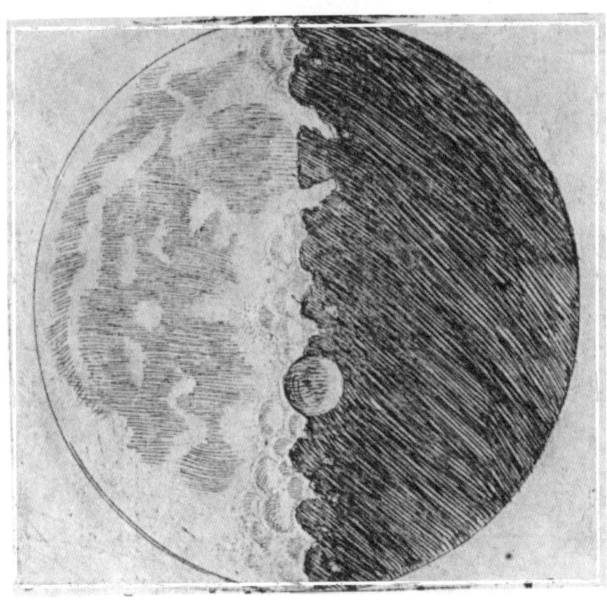

늘처럼 언제나 태양 가까운 쪽에 자리 잡고 있으며, 태양에서 먼 쪽(어두운 쪽)에는 언제나 더 밝은 경계면이 드러나 있다.

공작새 꼬리에 있는 검푸른 눈 같은 반점으로 장식된 달 표면은, 뜨거울 때 찬물에 담그면 표면에 물결 모양의 금이 생겨 흔히 '얼음 유리'라고 부르는 작은 유리 그릇과도 흡사한 모양이다. 그러나 달의 커다란 반점의 경우는 다르다. 앞에서 말한 것과 비슷한 방식으로 흩어져 있기는 하지만, 산과 계곡으로 이뤄진 게 아니라 오히려 평평하고 고르게 보인다. 커다란 반점에는 좀더 밝고 작은 점들이 여기저기 흩어져 있기 때문이다. 따라서 '달은 또 다른 지구'라고 주장한 피타고라스 학파의 해묵은 의견에 따르면, 달의 '더 밝은 부분'은 달의 육지에 해당하고 '더 어두운 부분'은 바다에 해당한다고 할 수 있겠다.[40] 사실 태양 빛을 받고 있는 지구를 멀리서 바라보면, 지구의 육지는 더 밝게 보이고 바다는 더 어둡게 보일 거라는 점을 나는 결코 의심치 않는다. 달에서는 커다란 반점 지역이 '더 밝은 부분'보다 더 낮은 것 같다. 달이 찰 때와 기울 때 밝은 부분과 어두운 부분의 경계면에서 융기부를 관찰할 수 있듯이, 커다란 반점 근처에서도 여기저기 융기부가 있는 것을 볼 수 있다. 위의 그림은 그것을 나타내기 위해 공들여 그린 것이다. 이 반점들의 가장자리는 더 낮을 뿐 아니라 더 고르고, 주름이나 울퉁불퉁한 것에 의해서 끊기지 않는다. 사실 '더 밝은 부분'은 커다란 이 반점 근처에서 더욱 눈에 두드러져 보

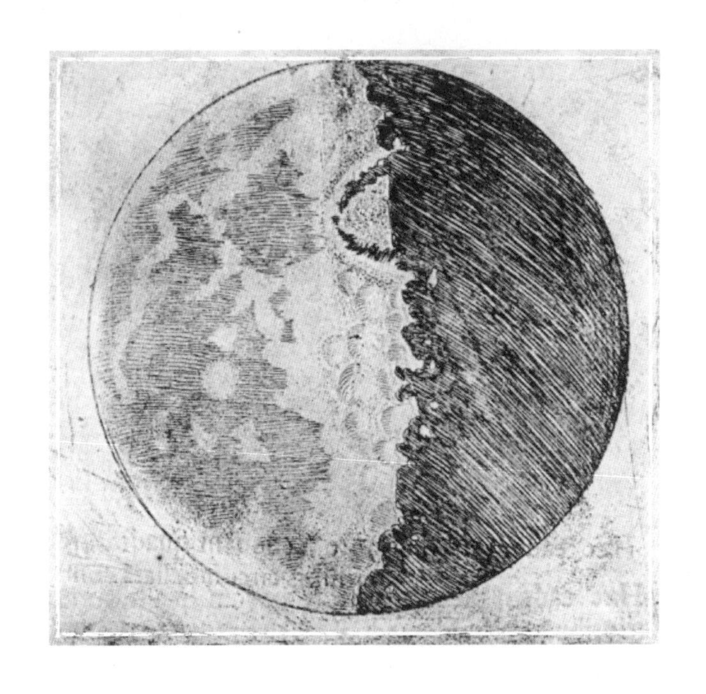

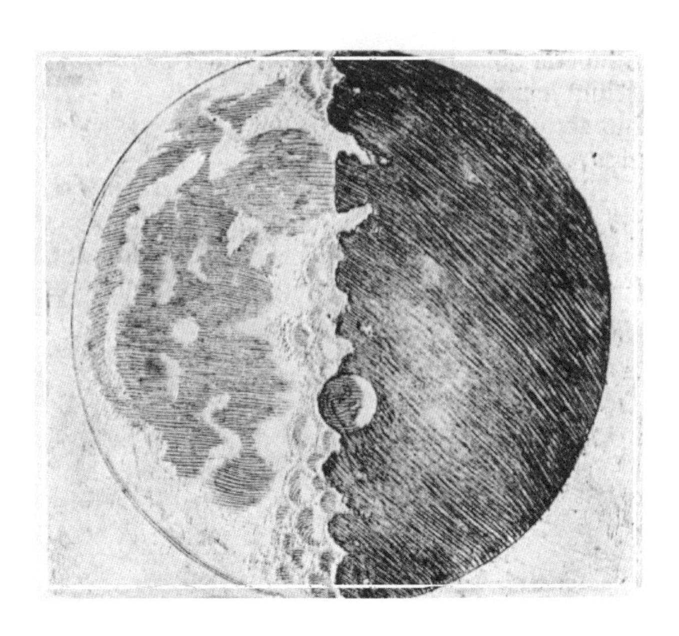

인다. 그림에서 볼 수 있듯이, 달의 위, 곧 북쪽에 있는 커다란 반점 둘레에는 상현 전과 하현 무렵에 크고 기다란 돌출부가 드러나 보인다.

하현 전에는 커다란 반점의 가장자리가 태양을 등진 높은 산등성이처럼 보인다. 물론 태양을 등진 쪽(태양에서 먼 쪽)이 더 어둡게 보이고, 태양을 마주보고 있는 쪽(태양에서 가까운 쪽)은 더 밝게 보인다. 그러나 계곡에서는 이와 반대가 된다. 즉 태양에서 먼 쪽이 태양을 마주하고 있기 때문에 더 밝게 빛나고, 태양 쪽은 어둡게 그늘지는 것이다. 밝은 면의 크기가 점점 줄어들다가, 반점 전체가 어둠으로 덮이자마자, 어둠 속에서 밝은 산맥이 우뚝 일어서는 것처럼 보인다. 다음 그림들은 지금 설명한 이중적인 모습을 잘 나타내고 있다.

너무나 경탄스러워서 결코 빠뜨릴 수 없는 얘기가 또 하나 있다. 달 중심부 가까이, 다른 어떤 것보다 크고 거의 완벽한 원 모양을 한 구덩이가 바로 그것이다.[41] 이것은 상현과 하현 무렵에 관측할 수 있었다. 이것을 가능한 한 자세히 그림으로 옮긴 것이 81쪽의 두 번째 그림이다. 이것은 완벽한 원의 둘레를 아주 높다란 여러 산이 둘러싸고 있는 것처럼 태양빛에 따라 양지와 음지를 이룬다. 아마 지구에서는 보헤미아 분지가 이것을 닮았을 것이다. 달의 경우에는 아주 높은 산등성이로 둘러싸여 있다. 그래서 밝은 부분과 어두운 부분을 나누는 경계선이 이 원의 중심에 이르기 전에, 어두운 부분의 산등성이가 태양 빛을 받아서 밝게 보이는 것이다. 다른 반점들의 경우, 반점의 밝은 부분이 달의 어두운 쪽에 있고, 반점의 어두운 부분이 태양 쪽에 있다는 것은, 이미 앞서 두 번이나 말했지만, 울퉁불퉁하며 고르지 못한 부분이 달의 밝은 부분 전체에 흩어져 있다는 강력한 증거이다. 더 어두운 반점들은 항상 밝은 부분과 어두운 부분의 경계면에 놓여 있다. 경계면에서 멀리 떨어져 있는 반점은 상대적으로 더 작고 덜 어둡다. 마침내 보름달이 되면 함몰부는 어둠이 사라져서 융기부와 별 차이가 나지 않을 만큼 밝아진다.

지금까지 살펴본 현상은 달의 '더 밝은 부분'에서 관측할 수 있는 것이다. 더 밝은 부분에서는 달의 위치가 달라짐에 따라 태양 빛의 조명도 달라지기 때문에 필연적으로 위와 같은 결론에 이를 수밖에 없다. 그러나 커다란 반점의 경우는 다르다. 함몰부와 융기부가 사뭇 차이가 나기 때문이다. 커다란 반점의 경우, 그림에 나타나 있는 것처럼 다소 어두운 지역들이 있는데, 이 어둠은 늘지도 줄지도 않고 늘 한결같다. 커다란 이 반점은 오히려 태양 빛이 약간 비스듬히 비칠 때 때로는 조금 더 어둡게, 때로는 조금 더 밝게 보이는데, 그 차이는 아주 미미하다. 또한 커다란 이 반점은 인근의 반점들과 은근히 연결되어 있고, 경계면이 모호해서 뚜렷이 구분 짓기가 어렵다.

그러나 '더 밝은 부분'에 있는 작은 반점들은 이와 다르다. 울퉁불퉁하고 들쭉날쭉한 바위로 이루어진 가파른 절벽이 그러하듯, 이 반점들은 빛을 받는 부분과 그늘진 부분으로 분명하게 나뉘어 그 경계가 뚜렷하게 분리되어 보인다. 커다란 반점 속에서도 밝은 지역들이 보이는데, 그 가운데 어떤 지역은 아주 밝게 보인다. 그러나 그렇게 밝은 지역이나 더 어두운 지역들은 늘 한결같아서 모양이 바뀌지 않으며, 양지와 음지가 바뀌지도 않는다. 따라서 그렇게 보이는 것은 그 지역들 사이에 뭔가 큰 차이를 지녔기 때문이라는 것은 이제 의심의 여지가 없이 확실하다. 그저 생김새가 좀 달라서, 태양의 다채로운 조명에 따라 바뀌는 그늘의 모습이 다른 정도가 아닌 것이다. 그늘의 모습이 달라지는 것은 '더 밝은 부분'에 흩어져 있는 작은 반점들에게서 매우 아름답게 관측된다. 이 반점은 오로지 솟아 오른 융기부의 그늘 때문에 생기는 것이기 때문에, 커지고 작아지고, 없어지기도 하며 날이면 날마다 달라진다.

물론 이 문제가 너무나 의심스럽고, 도무지 믿기가 어려워서, 지금까지 설명한 많은 현상들에 의해 확인된 결론을 선뜻 받아들이지 못하는 사람이 많을 것이다. 달 표면이 태양 빛을 더 밝게 반사하는 산과 덜 반사하는 계곡으로 이뤄져 있다면, 어째서 차고 기우는 달의 서쪽 면과 동쪽 면이 울퉁불퉁하게 보이지 않는 것일까? 그리고 보름달일 때 돌출부와 함몰부 가장자리가 어째서 우둘투둘하게 보이지 않고 오히려 완전한 원처럼 보이는 것일까? 그리고 특히 이상한 것은, 커다란 반점이 어째서 달 표면 전체에 골고루 퍼져서 가장자리까지 미치지 못하고, 달 한가운데에 모여 있는 것처럼 보이는 것일까? 이런 겉모습 때문에 지금까지 설명한 것이 통 믿기지 않을 것이다. 그러니 이제 이런 의문에 대한 두 가지 이유와 두 가지 해명을 하고자 한다.

먼저 우리가 보는 달의 가장자리에 산과 계곡이 한 줄로 늘어서 있다면, 보름달은 분명 울퉁불퉁한 톱니 모양으로 보일 것이다. 그러나 달 가장자리에 산이 한 줄로 늘어서 있는 것이 아니라, 그 앞뒤로(우리에게 보이는 달 표면만이 아니라 보이지 않는 반대쪽 반구에도) 매우 많은 산과 계곡이 자리 잡고 있다면, 이것을 멀리서 볼 경우 돌출부와 함몰부를 따로 식별할 수가 없을 것이다. 산 사이에 파인 계곡이 그 앞이나 뒤에 있는 산으로 가려지면, 멀리서 그것을 알아볼 수가 없기 때문이다. 관측자의 시선이 첩첩한 돌출부와 동일한 선상에 놓여 있는 경우 더욱 그렇다. 지구에서도 산등성이와 동일한 고도에서 첩첩한 산등성이를 멀리 바라보면, 그 등성이가 평평해 보인다. 또한 굽이치는 바다에서 파도의 골이 깊고, 그 마루가 너무나 높아서, 커다란 배의 용골만이 아니라 윗갑판과 돛대와 돛조차 가릴 정도라 해도, 그 파도의 마루는 동일한 평면상에 놓여 있는 것처럼 보인다. 따라서, 달 표면에 돌출부와 함몰부가 중첩되어 있어서, 멀리서 관측하는 우리 눈에는 그것이 거의 평면처럼 보이기 때문에, 달 가장자리가 톱니처럼 보이진 않더라도 결코 놀랄 일이 아니다.[42] 이런 이유 외에도, 달이 지구처럼 태양 빛을 받아들일 수도 있고 반사할 수도 있는, 에테르보다 밀도가 더 높은 어떤 물질로 감싸여 있다고 생각해 볼 수 있다. 우리가 속을 들여다볼 수 없을 만큼 불투명하지는 않은 그런 물질 말이다(이후 약 300년 후에도 과학자들은 에테르의 존재를 믿었다 : 옮긴이).

태양 빛을 받은 이 물질은 달보다 더 큰 구를 이루며 달을 감싸고 있는데, 이 층이 더 두껍다면 실제 달을 볼 수 없도록 우리의 시야를 가릴 것이다. 그런데 달의 중심부가 아닌 외곽에서는 사실상 이 층이 더 두껍다. 절대적으로 더 두껍다는 게 아니라, 우리가 직각이 아닌 빗금으로 바라봄으로써 그 층이 더 두꺼워 보인다는 뜻이다. 그래서 이 층은 우리 시야를 가리게 된다. 밝을 때 더욱 그렇다. 이때 우리는 태양에 노출된 달의 가장자리를 볼 수 없게 된다. 아래 그림을 보면 쉽게 알 수 있을 것이다. 실제의 달 ABC를 수증기 같은 구체 DEG가 감싸고 있다. F에 있는 눈은 가장 얇은 층인 DA를 거쳐 달의 중앙부 A를 볼 수 있으나, 층이 가장 두꺼운 EB를 거쳐야 하는 가장자리는 우리가 쉽게 볼 수 없다. 그렇다면

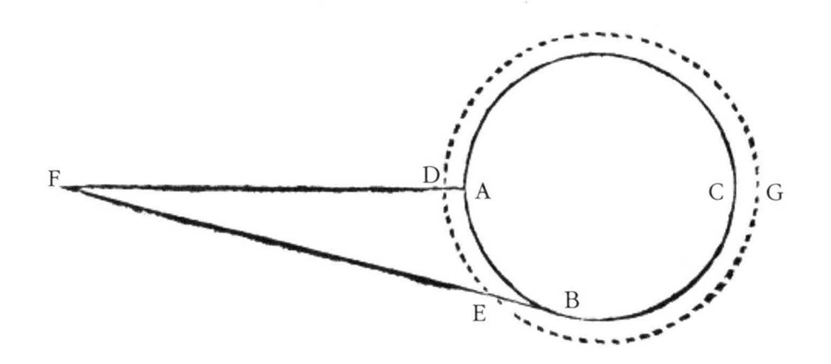

우리가 꿰뚫어 볼 수 없는 그 층 때문에, 달에서 빛을 받는 부분이 다른 어두운 부분보다 더 크게 보일 것이다. 따라서 커다란 반점이 실제로 달의 가장자리에 있다 하더라도 실제로 바깥쪽에서는 그 반점을 발견할 수 없는 이유를 알 수 있다. 즉, 달의 외곽이 더 두껍고 더 밝은 수증기 층으로 가려져 있기 때문에 커다란 반점들이 보이지 않는다고 그럴 듯하게 설명할 수 있다.[43]

앞에서 설명한 달의 모습을 통해, 달의 더 밝은 부분에 돌출부와 함몰부가 널리 흩어져 있다는 것이 명백해졌으리라고 본다. 이제 지구의 산과 계곡이 달에 비해 작다는 증명과 함께, 달에 있는 산과 계곡의 크기에 대해 설명할 차례다. 여기서 '작다'는 것은 지구와 달의 크기에 비례해서 그 크기가 상대적으로 작다는 것이 아니고, 절대적으로 작다는 뜻이다. 이것은 다음과 같은 방법으로 쉽고 명쾌하게 증명할 수 있다.

내가 흔히 관측했듯이, 태양 빛을 받는 달의 위치가 다채롭게 변함에 따라, 달의 어두운 부분에 있는 어떤 봉우리는 밝은 부분에서 멀리 떨어져 있어도 태양 빛을 받는 경우가 있다. 달의 밝은 부분과 어두운 부분의 경계에서 그 봉우리까지의 거리를 달의 지름과 비교해 보면 그 거리가 때로 달 지름의 1/20을 넘기도 한다. 이것을 염두에 두고, 다음 그림과 같이 지구 지름의 2/7인 달의 지름이 CF, 그 중심이 E인 달의 구체를 상상해 보자. 가장 정확히 알려진 관측에 따르면, 지구의 지름[44]은 7,000이

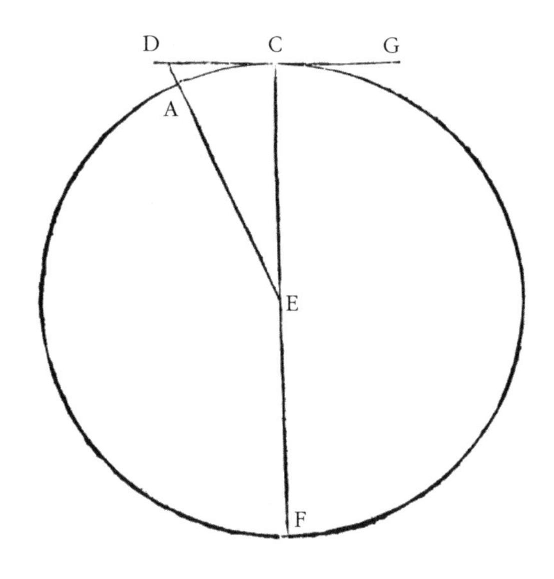

탈리아 마일(이하 마일로 표기)[45]이다. 따라서 달의 지름 CF는 2,000마일이 된다(지구의 적도 반지름은 6,378km이고, 달의 적도 반지름은 1,768km이다 : 옮긴이). 따라서 달의 반지름인 선분 CE는 1,000마일이 되고 전체 CF의 1/20은 약 100마일이 된다. 이제 CF가 달의 어두운 부분과 밝은 부분을 나누는 대원의 지름이라고 하자. 그리고 C로부터 지름이 1/20 정도 떨어진 곳을 A라고 하자. C의 접선 GCD(스쳐 지나가는 태양 광선)와 만날 수 있도록 점 D에서 선을 연장해서 반지름 EA를 그려 보자. 여기서 선분 CE는 1000마일이고, 원호 CA 혹은 직선 CD는 100마일이다. 선분 CD의 제곱과 선분 CE의 제곱의 합이 선분 ED의 제곱이고, 그 값은 1,010,000마일이다. 그 값의 제곱근인 선분 ED는 1,004마일[46]보다 조금 더 길고, 선분 AD는 선분 CE에 4마일을 더한 것만큼 길다. 따라서 경계면 C에서 CD 거리만큼 떨어져서 태양 광선 GCD를 반사할 수 있을 만큼 높은 산봉우리 높이인 AD는 4마일보다 클 것이다. 지구에 있는 어느 산도 수직 높이가 1마일을 넘는 것이 없기 때문에,[47] 이로써 달에 있는 산이 지구에 있는 산보다 높다는 것이 증명된다.

여기서 꼭 기억해야 할 중요한 현상 한 가지를 더 설명하고 싶다. 이 현상이 최근에 알려진 것은 아니다. 여러 해 전에 가까운 나의 동료와 제자들이 발견해서 이미 잘 설명하고 입증한 바 있다. 그런데 이 책에서 다시 다루려고 하는 것은, 이제 망원경으로 그 현상을 더욱 쉽게 관측할 수 있고, 더욱 주목할 만한 가치를 갖게 되었기 때문이다. 특히 이 현상을 통해 달과 지구의 관계와 그 유사성이 더욱 명백히 드러난다는 점에서 그러하다.

달이 합conjunction[48]을 이루기 전후에 태양과 매우 가까이 있을 때, 달은 가느다란 뿔 모양으로 빛나는 부분만이 아니라 어두운 부분(태양의 반대쪽)도 희미하게 보인다. 마치 어두운 부분을 감싸듯, 흐리지만 둥그런 달의 형태를 볼 수 있는 것이다. 그러나 이 현상을 더 자세히 관찰해 보면, 희미하게 달의 가장자리만 보이는 것이 아니라, 아직 태양 빛을 받지 못하고 있는 모든 부분이 제법 하얗게 드러나 있다는 것을 알 수 있다.[49] 그러나 언뜻 보기에는 희미한 달의 가장자리만 보이는데, 그것은 더 어두운 하늘을 배경으로 하고 있기 때문이다. 어두운 달의 나머지 부분은 그와 반대로 뿔 모양의 밝은 부분과 가까이 있기 때문에 더욱 어둡게 보인다. 그러나 뿔 모양의 밝은 부분을 가리는 지붕이나 굴뚝 따위가 있는 곳(그러나 그것이 우리 시야에서 멀리 떨어져 있는 곳)에서 환한 부분을 가리고 달을 관측하면, 나머지 어두운 부분이 실제로 우리 눈에 보인다. 이때 그 부분은 태양 빛을 받지 못했는데도 무시하지 못할 만큼 밝게 보이는데, 주위가 어두울수록 더 잘 보인다. 이것은 같은 빛이라도 더 어두운 들판에서 더 밝게 보이는 것과 같은 이치이다.

나아가서 (내가 만든 용어지만) 그러한 달의 '2차 밝기secondary brightness'는 달이 태양과 가까울수록 더 밝다는 것을 알 수 있다. 달이 태양에서 멀어질수록 그 밝기는 점점 줄어든다. 상현을 지나 하현이 되기 전까지는 어두운 하늘에서도 가까스로 보이기는 하지만, 그 밝기가 매우 약해서 밝다고 하기도 어렵다. 그러나 섹스타일sextile[50] 때나, 태양과 달 간의 각거리가 그보다 작을 때에는 초저녁에도 놀랍도록 환하게 보인다. 실제로 이 잿빛 현상은 충분히 밝아서 성능이 좋은 망원경으로 보면 달에 있는 커다란 반점까지 볼 수 있을 정도이다. 이 잿빛 현상이 의외로 밝은 것은 이것을 철학적으로 이해하려는 사람들에게 놀라운 일이었다. 그 원인을 설명하는 여러 가지 의견이 나왔는데, 어떤 이들은 이것이 달 자체의 고유한 빛이라고 했고,[51] 어떤 이들은 금성이나 다른 별들이 달에게 나누어 준 빛이라고 주장했다.[52] 달을 투과한 태양 빛이라고 말하는 이들도 있었다.[53] 이러한 주장이 모두 틀렸다는 것은 쉽게 증명할 수 있다. 만약 이런 종류의 빛이 달 자체의 빛이거나 다른 별에서 온 빛이라면, 달은 이 빛을 계속 유지하고 있어서, 하늘이 매우 어두운 월식 때에도 잿빛 현상으로 보여야 한다. 그러나 실제로 그런 현상은 나타나지 않는다. 월식 때 달에서 보이는 빛은 훨씬 더 약하고 붉은 빛이나 구릿빛을 띠는 반면, 잿빛 현상의 빛은 그보다 더 밝고 더 하얗기 때문이다.[54]

더욱이 월식 때 보이는 빛은 시간에 따라 변하며 이동한다—달이 지구 그림자 속을 지나갈 때, 둥근 그림자 가장자리에 가까운 쪽이 항상 더 밝고 나머지 부분은 더 어둡다. 이것으로 미뤄 볼 때, 달 전체를 둘러싸고 있는 어떤 밀도 높은 물질 부분에 비치는 태양 빛 때문에 이런 현상이 생기는 거라고 확신할 수 있다. 새벽빛의 일부가 달 근처를 비추는 것도 그래서이다. 그것은 지구에서 아침과 저녁에 노을이 퍼지는 것과 똑같은 현상이다. 이 문제는 『두 세계관에 관한 대화』[55]에서 더 자세히 다루도록 하겠다.

한편 잿빛 현상이 금성에서 나오는 빛 때문이라고 보는 것은 일고의 가치도 없는 유치한 발상이다. 합과 섹스타일 사이에, 태양을 등지고 있는 달의 어느 부분도 금성에서 바라볼 수 없다는 것을 모르는 사람이 없기 때문이다. 잿빛 현상이 태양 빛 때문이라는 것 역시 수긍할 수 없는 설명이다. 태양 빛이 달을 투과해서 우리에게 비칠 수는 없다. 정말 빛이 투과한다면, 그 빛이 약해지는 일은 없을 것이다. 월식 때를 제외하고는 언제나 달이 태양 빛을 받고 있기 때문이다. 그러나 우리가 이미 알고 있듯이, 잿빛 현상의 빛은 달이 반달로 되어 감에 따라 점점 약해지고, 반달 이후에는 거의 완전히 어두워진다. 그러므로 이 2차적인 빛은 달 자체의 빛이 아니고, 태양이나 다른 어떤 별에서 유래한 빛도 아니라는 것을 알 수 있다. 광대한 이 우주에서 이제 달 주위에 남은 천체로는 지구밖에 없다. 그러니 이제 어떤 결론을 내려야 하겠는가?

달처럼 어둡고 침침한 천체가 지구에서 나온 빛을 받아 빛난다면 그건 터무니없는 주장일까? 아니, 그렇다고 한들 뭐가 놀랍단 말인가? 지구가 깊은 밤 내내 달로부터 빛을 받는 만큼 지구도 태양 빛을 달에게 반사해 주는 것은 공평하며 호혜적인 일이 아니겠는가? 그것을 좀더 확실하게 증명해 보자. 지구와 태양 사이에 달이 위치하는 합일 때, 지구에서 보이지 않는 달의 반구는 태양 빛을 흠뻑 받게 된다. 그러나 지구 쪽 달의 반구는 어둠에 싸이게 된다. 그러므로 이때 달이 지구로 태양 빛을 반사할 수는 없다. 달이 태양에서 점점 멀어져 감에 따라, 태양을 등지고 우리 쪽을 향해 있던 부분도 어느 정도 태양 빛을 받게 된다. 이때 달은 하얗게 빛나는 가녀린 뿔 모양으로 보이게 된다. 반달이 되어 감에 따라 달에 비치는 태양 빛은 점점 늘어 가고, 지구로 반사되는 빛 역시 점점 늘어 간다. 반달 이후 달의 밝기는 점점 더 밝아져서 우리의 맑은 밤하늘을 환히 비추게 된다. 태양 쪽에 있던 달이 이윽고 지구를 반 바퀴 돌아서면,

지구를 향한 달의 반구 전체가 아주 밝은 빛을 받게 되어, 지구 표면은 달빛을 받아 환해지게 된다. 그 후 달이 기울 때, 우리를 향한 달빛은 약해져서, 지구 표면에 비친 달빛도 약해진다. 달이 다시 그믐으로 접어듦에 따라 지구의 밤하늘은 다시 어두워진다. 이렇게 주기적으로 달빛이 때로는 밝아지고 때로는 어두워지며, 한 달 주기로 지구를 비추게 된다. 달이 합의 위치에 있을 때, 지구는 같은 식으로 달에게 은혜를 갚는다. 달과 지구가 합이 되면, 달에서는 지구 반구 전체가 태양 빛을 받고 있는 것을 볼 수 있고, 이때 달은 지구에서 반사된 태양 빛을 받게 된다. 반사된 이 빛 때문에 달의 어두운 부분이 상당히 밝게 보이는 것이다.

달에서 지구 반구의 반만 보이는 때, 곧 태양으로부터 4분의 1의 위치에 있게 될 때, 달에서는 반달 같은 지구를 보게 된다. 즉, 동쪽이나 서쪽의 반이 어둡게 보이는 것이다. 이때 달은 지구에서 반사된 태양 빛을 덜 받게 되고, 그에 따라 우리에게 보이는 달의 잿빛 현상(2차적인 빛)도 약해진다. 달이 태양 반대편에 가게 될 때, 곧 달이 보름달일 때, 달에서 바라본 지구는 완전히 어두워진다. 그렇게 보름달일 때 달이 지구 그림자에 가리게 되는 월식이 되면, 달은 태양 빛을 직접 받을 수 없고, 지구에서 반사되는 태양 빛도 받을 수 없게 된다. 태양과 지구의 다양한 위치에 따라 달은 지구에 반사된 태양 빛을 많이 받기도 하고 적게 받기도 한다. 지구가 달빛을 많이 받을 때에는 달이 지구의 빛을 적게 받고, 반대로 지구가 달빛을 적게 받을 때에는 달이 지구의 빛을 많이 받게 된다. 일단 이 문제에 대한 설명은 이것으로 충분할 것이다.

지구가 정지해 있고 아무런 빛도 내지 않는다고 믿는 사람들을 위해서는 『두 세계관에 관한 대화』에서 이 문제를 더 깊이 논의하기로 하겠다. 그 책에서는 지구가 태양 빛을 강하게 반사한다는 것에 대한 깊은 논의와 실험 결과를 다룰 것이다. 지구 역시 움직이고 있을 뿐만 아니라, 그 밝기 역시 달을 능가한다는 것을 증명하게 될 것이다. 자연을 잘 관찰함으로써 우리는 지구가 우주에서 하찮은 존재가 아니라는 수많은 증거를 발견하게 될 것이다.[56]

지금까지 우리는 달을 관측해서 얻은 결과에 대해 논의하였다. 이제 붙박이별에 관해 지금까지 관측해 온 것들을 간단히 얘기하겠다. 붙박이별과 떠돌이별을 망원경으로 관측할 때에는, 달이나 지상의 물체를 관측할 때처럼 별이 크게 보이지 않는다는 것을 먼저 알아 두어야 한다.[57] 예를 들어 물체를 100배쯤 더 크게 볼 수 있는 망원경으로 별[58]을 보면 그저 4~5배 정도의 낮은 배율을 가진 망원경으로 보는 것처럼 느껴진다. 그 이유는 우리 맨눈에 보이는 별이 실제 크기 그대로 보이는 게 아니기 때문이다. 별은 밤이 깊어 갈수록 더욱 반짝이는 밝은 빛에 둘러싸여 실제보다 더 크게 보인다. 별의 원래 모습을 두루 감싸고 있는 밝은 빛에 의해 시각visual angle의 크기가 결정되는 것이다. 따라서 이런 빛을 모두

걷어 내면 별이 실제로는 우리 눈에 보이는 것보다 훨씬 작을 것이다. 다음 설명을 음미해 보면 이 현상을 더욱 분명하게 이해할 수 있을 것이다. 실제 1등급인 밝은 별일지라도 해가 막 지기 시작한 저녁 무렵에는 매우 작게 보인다. 금성도 대낮[59]에는 맨눈으로 보기 힘든 6등급의 작은 별처럼 보인다. 낮이든 밤이든 언제나 같은 크기로 관측되는 지구상의 물체나 달의 경우는 다르다. 별들이 한밤중에는 마치 털이 자란 것처럼 보이지만, 낮에는 털이 깎인 것처럼 보인다. 낮에 햇빛이 있을 때만이 아니라, 밤에 별과 관측자의 눈 사이에 아주 엷은 구름이 끼어도 그렇게 보인다. 또한 주위의 빛을 없앨 수 있는 어두운 베일이나 색유리로도 같은 결과를 얻을 수도 있다. 내 생각에는 소형 망원경도 이와 같은 역할을 하는 것 같다. 먼저 별을 둘러싸고 있는 빛을 없앤 후, (별들이 정말 구형이라 했을 때) 단순한 구형의 모습을 확대하기 때문에 그 확대율이 낮아 보이는 것이다. 한편 망원경으로 본 5등급이나 6등급 별들은 마치 1등급의 별처럼 보이는 것이다.[60]

행성과 붙박이별이 서로 다르게 보인다는 것도 주목할 가치가 있는 것 같다. 행성은 온전히 빛으로 뒤덮인 작은 달처럼 보인다. 그래서 매끄럽고 완벽한 원 모양으로 보인다. 반면에 붙박이별은 윤곽이 동그랗게 보이지 않고, 밝은 광선으로 둘러싸여서 둥근 모양을 알아볼 수 없을 만큼 심하게 깜박거린다.[61] 이 붙박이별들은 망원경으로 보더라도 맨눈으로 보는 것과 같은 모습으로 보인다. 그러나 훨씬 더 크게 보여서, 5등급이나 6등급의 별이 붙박이별 가운데 가장 큰 견성Dog Star[62]과 같은 크기로 보인다.

정말이지 망원경을 사용하면 맨눈으로는 볼 수 없었던 6등급 이하의 별들을 수없이 많이 볼 수 있다. 왜냐하면 거의 12등급의 별까지 볼 수 있기 때문이다. 7등급으로 분류될 수 있는 별들, 즉 보이지 않던 별들 가운데 가장 밝은 등급의 별은 맨눈으로 본 2등급의 별보다 더 크고 더 밝게 보인다.[63] 상상할 수 없을 만큼 많은 별들이 있다는 것을 설명하기 위해 두 개의 그림을 보여 주겠다. 수많은 별들이 존재한다는 것을 독자 스스로 판단해서 믿을 수 있도록 내가 본 별들의 무리를 그려서 보여드리려는 것이다. 처음에는 오리온자리 전체를 그리려고 했다. 그러나 별이 너무나 많아서 그것을 다 그리기에는 시간이 모자랐다. 이것 역시 다음 기회로 미루겠다.[64]

우리가 눈으로 볼 수 있는 별 주위의 1도 내지 2도 안에는 새로운 별이 500개 이상 흩어져 있었다. 이런 이유 때문에 오래전부터 맨눈으로 관측되어 온 오리온자리의 허리띠에 있는 3개의 별과 칼자루[65] 부분에 있는 6개의 별 외에 나는 최근에 관측한 80개의 별을 더했다. 또한 별들의 간격을 가능한 한 정확하게 그리려고 노력했다. 별들을 구분하기 위해 옛날부터 잘 알려져 있는 별은 크게 그렸고, 맨눈으로 보이지 않는 별은 작게

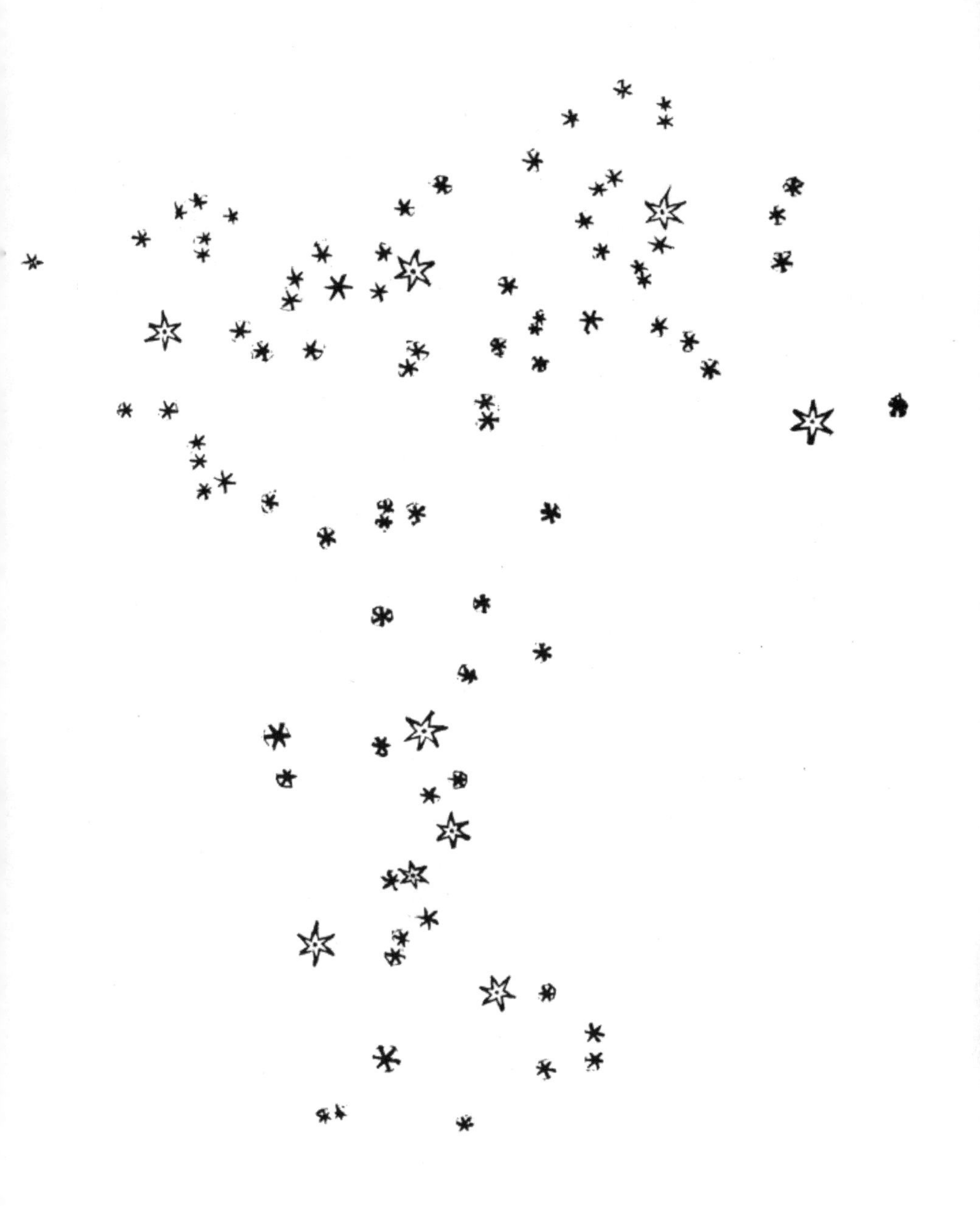

오리온자리의 허리띠와 칼에 해당하는 별들

플레이아데스근처의 별들

그렸다. 또한 가능한 한 별들의 크기 차이를 드러낼 수 있도록 배려했다. 그리고 하늘의 아주 좁은 지역에 몰려 있는 플레이아데스라고 불리는 황소자리[66]의 경우, 별 6개(7번째 별은 맨눈에 거의 안 보이므로 6개라고 한 것이다)[67]를 두드러지게 그렸다.

이 별들 근처에는 맨눈에 보이지 않던 별들이 40개 이상 더 있는데, 어느 별도 앞서 말한 6개의 별들로부터 0.5도 이상 벗어나 있지 않다. 이것들 가운데 36개의 별들만 그려 놓았는데, 오리온자리처럼 서로의 거리와 크기를 감안했고, 전에 맨눈으로 볼 수 있었던 별과 볼 수 없었던 별을 구분했다.

세 번째로 우리가 망원경으로 관측한 것은 은하수와 그 특성에 관한 것이다. 망원경으로 관측하면 대상을 직접 눈으로 확인할 수 있기 때문에, 오랫동안 철학자들을 곤혹스럽게 해 온 은하수에 대한 문제를 모두 해결할 수 있다.[68] 즉, 은하수는 무리를 지어 흩어져 있는 무수한 별들의 집합체일 뿐이라는 사실을 알 수 있다. 망원경으로 은하수의 어디를 보든지 간에 잠깐 동안 엄청난 수의 별들을 볼 수 있다. 크고 밝은 별들뿐만 아니라 작은 별들도 셀 수 없을 만큼 많이 볼 수 있다.

은하수는 흰 구름 같은 우유빛으로 밝게 보일 뿐만 아니라, 이 빛이 에테르 속에 퍼짐으로써, 비슷한 색을 띤 많은 부분들이 희미하게 빛난다. 그중 어디에다 망원경을 가져다 대어도 몰려 있는 별들을 발견할 수 있다. 더욱 눈에 띄는 것은, 지금까지 천문학자들이 말해 온 '성운(nebulous: 별의 구름)'이 실은 매우 가깝게 서로 몰려 있는 작은 별들의 무리라는 사실이다.[69] 성운은 별들이 매우 작거나 우리에게서 까마득히 멀리 떨어져 있기 때문에 각각의 별로 분해되어 보이지 않을 뿐이다. 각각의 별이 내는 빛이 뒤섞여서 환하게 보이는 것인데, 지금까지 이러한 빛은 하늘의 밀도가 높은 부분에 태양 빛이나 다른 별빛이 반사되어 생긴다고 믿은 사람이 많다.[70] 우리는 성운 가운데 몇 개를 관측했는데, 그중 두 개를 소개하겠다.

오리온 성운　　　　프레세페 성운

첫 번째 그림은 '오리온의 머리'라고 불리는 성운이다. 여기서 찾은 별은 21개이다.[71]

두 번째 그림은 '프레세페'라고 불리는 성운을 포함하는데, 이것은 한 개의 별이 아닌, 무려 40개 이상의 작은 별들로 이루어져 있다. '새끼당나귀 별' 외에도 36개의 별이 다음과 같이 배열되어 있다.[72]

지금까지 달과 붙박이별, 그리고 은하수에 관한 관측 결과를 간단히 설명했다. 이제 이 책에서 가장 중요하다고 할 수 있는 부분을 모든 사람에게 알리는 일이 남아 있다. 태초부터 지금까지 전혀 알려지지 않은 4

개의 행성, 그 발견과 관측 경위, 위치, 그리고 움직임과 변화에 대한 2개월 이상의 관측 결과가 바로 그것이다.[73] 그것들의 주기를 조사하고 결정하기 위해 모든 천문학자들이 최선을 다해서 관측해 줄 것을 당부 드리고 싶다. 나로서는 시간이 촉박했던 탓에, 아직은 그것을 다 알아내기가 불가능했다.[74] 다시 한 번 천문학자들에게 충고하건대, 이 조사를 헛되이 끝내지 않기 위해서는 서두에 설명한 것과 같은 정밀한 망원경이 필요하다.[75]

1610년 1월 7일,[76] 해가 지고 1시간이 지난 뒤, 내가 만든 망원경으로 별자리를 살펴보고 있을 때 목성이 하늘에 나타났다. 내가 가진 망원경은 세상에서 가장 좋은 것이어서, 작지만 매우 밝은 3개의 별(이전에 성능이 좋지 않은 망원경으로는 볼 수 없었던 별[77])이 목성 옆에 있는 것을 보게 되었다. 나는 이 별들이 붙박이별들 가운데 하나라고 믿었지만, 그래도 이 별들이 여간 흥미롭지 않았다. 왜냐하면 정확히 한 줄로 나란히 정렬되어 있었을 뿐만 아니라 황도와 나란히 정렬되어 있었고, 같은 크기의 다른 별들보다 더 밝았기 때문이다. 목성을 기준으로 한 그 배열과 위치는 다음과 같다.[78]

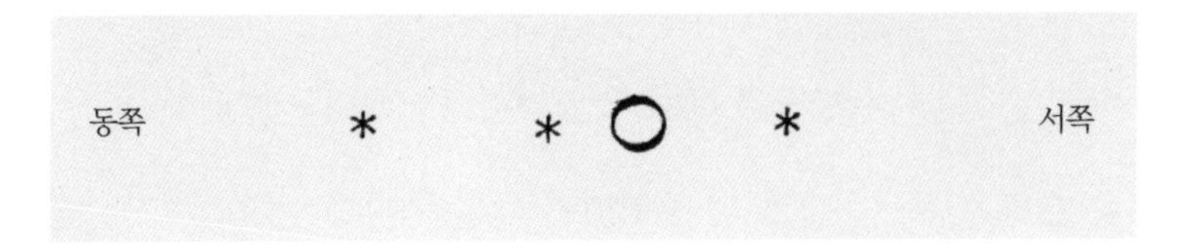

목성의 동쪽에 2개의 별이 있었고, 하나는 서쪽에 있었다. 서쪽 별과 좀더 동쪽에 있는 별이 나머지 한 개의 별보다 조금 더 크게 보였다. 앞서 말했듯이 처음에는 그것들을 붙박이별이라고 믿었기 때문에 목성과의 거리에는 관심을 갖지 않았다. 그러나 8일에 똑같은 관측을 한 나는 미지의 운명에 이끌린 듯,[79] 3개의 별이 당초 기대한 위치와 매우 다른 곳에 있는 것을 발견하게 되었다. 그림에 나타나 있는 것처럼 모든 별이 목성의 서쪽에 같은 간격으로 위치해 있었고, 전날보다 서로 더 가까이 있었다.[80] 이때까지만 해도 나는 이 별들이 더불어 움직이고 있다고는 생각하지 못했다. 그렇지만 나는 어떻게 전날 그 붙박이별 2개의 서쪽에 있던 목성이 동쪽으로 움직일 수 있을까 하는 의문이 생겼다.

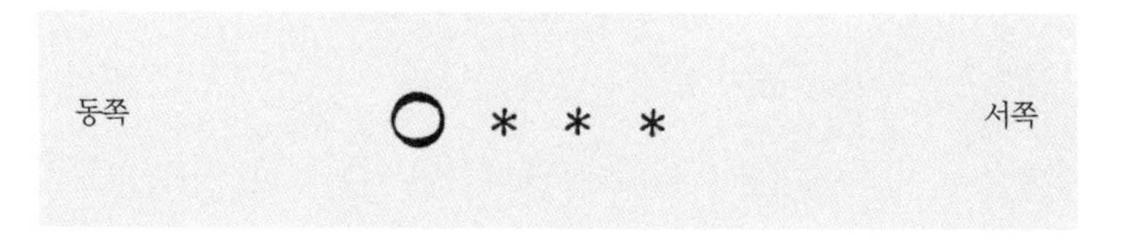

그래서 천문학적 계산 결과와 달리, 아마 목성이 순행(지구 자전과 같은 방향, 곧 서에서 동으로 움직이는 천체의 운동 : 옮긴이)을 하며 목성 고유의 운동을 해서 이 별들을 우회한 것이 아닌가 하는 생각이 들었다.[81] 이런 이유 때문에 나는 다음 날을 애타게 기다렸다. 그러나 다음 날 유감스럽게도 하늘이 온통 구름으로 덮여 있었기 때문에 여간 실망스럽지 않았다.

그 다음 날인 10일, 별들은 목성에 대해 다음과 같은 위치에 있었다.

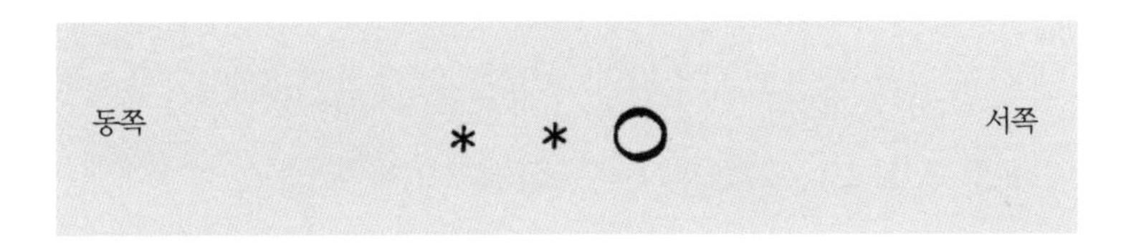

오직 2개의 별만이 목성의 동쪽에 있었다. 내가 생각한 대로 세 번째 별은 목성 뒤에 숨어서 보이지 않았다.[82] 전처럼 그 별들은 목성과 일직선상에 있었고, 황도를 따라 나란히 정렬되어 있었다. 이것으로 보아 이 변화가 목성 때문에 생긴 것이 아님을 확신할 수 있었다. 또 나는 관측된 별들이 같은 별임을 알고 있었기 때문에(목성을 앞질러 가거나 뒤따라가는 어떠한 것도 그런 먼 거리 안에서 황도를 따라 정렬되지 않기 때문에), 나의 의문은 이내 놀라움으로 바뀌었다. 관측된 변화의 원인이 목성에 있는 것이 아니라 그 별들에 있다는 것을 알게 된 것이다. 그래서 그 별들을 좀 더 정확하게, 그리고 더 정밀하게 관측해야겠다는 생각이 들었다.

그리고 11일, 나는 별들이 다음과 같이 배열되어 있는 것을 보았다.

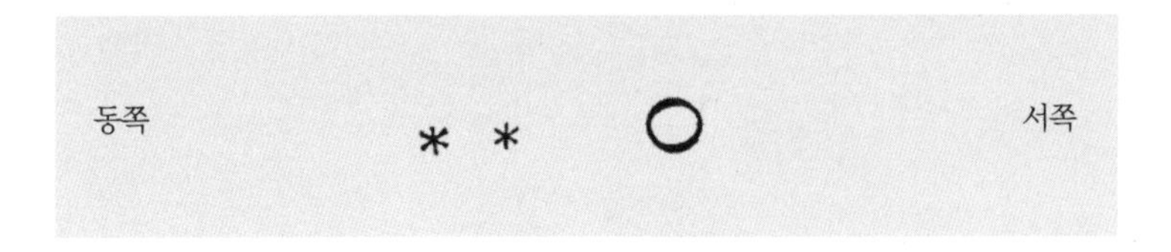

오직 2개의 별만 목성의 동쪽에 있었다.[83] 가운데 있는 별과 목성과의 거리는 더 동쪽에 있는 별과의 거리에 비해 3배쯤 더 멀었다. 두 별이 전날에는 거의 같은 크기로 보였지만, 이날은 더 동쪽에 있는 별이 다른 별보다 2배쯤 커 보였다. 그래서 나는 조금도 의심치 않고, 이 3개의 별이 목성 둘레를 돌고 있다는 결론에 도달했다. 금성과 수성이 태양 둘레를 도는 것과 똑같이 말이다. 여러 번의 관측 결과 이것은 명백해 보였고, 3개가 아니라 4개의 별이 목성 둘레를 돌고 있다는 것을 관측할 수 있었다. 이후 자세히 살펴본 별들의 위치 변화에 대한 설명은 아래와 같다.

나는 앞서 설명한 방법을 사용해서,[84] 망원경으로 그 별들 사이의 거리를 측정했다. 특히 같은 날 한 번 이상 관측이 이루어지도록 관측의 횟수를 더했다. 왜냐하면 그 별들의 공전이 너무 빨라서 매시간 위치에 차이가 나는 것을 관측할 수 있었기 때문이다.

이어서 12일, 해가 지고 1시간이 지난 뒤, 나는 별들이 다음과 같이 배열되어 있는 것을 보았다.

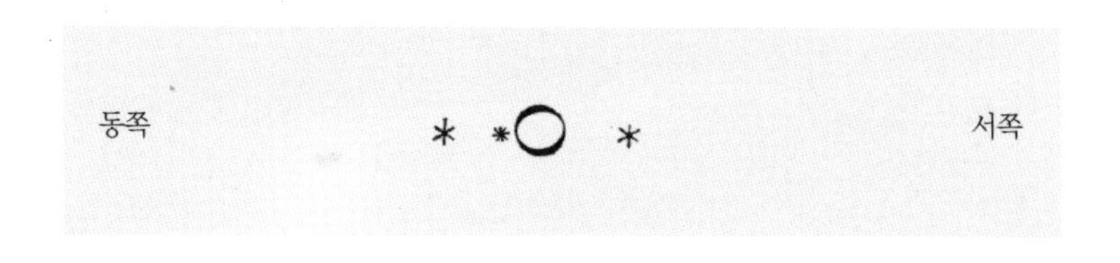

더 동쪽에 있는 별이 서쪽에 있는 별보다 크게 보였지만, 두 별 모두

아주 밝아서 눈에 잘 보였다.[85] 두 별 모두 목성에서 2분[86] 떨어져 있었다. 그로부터 2시간 후, 이전에 보이지 않던 세 번째 작은 별이 보이기 시작했다. 이 별은 목성과 거의 붙어서 동쪽에 위치해 있었고 매우 작았다. 하지만 모두가 일직선상에 있었고, 황도를 따라 나란히 정렬되어 있었다.

13일, 처음으로 4개의 별 모두가 목성에 대해 아래와 같이 배열되어 있는 것이 보였다.[87] 3개는 서쪽에 있었고, 하나는 동쪽에 있었다.

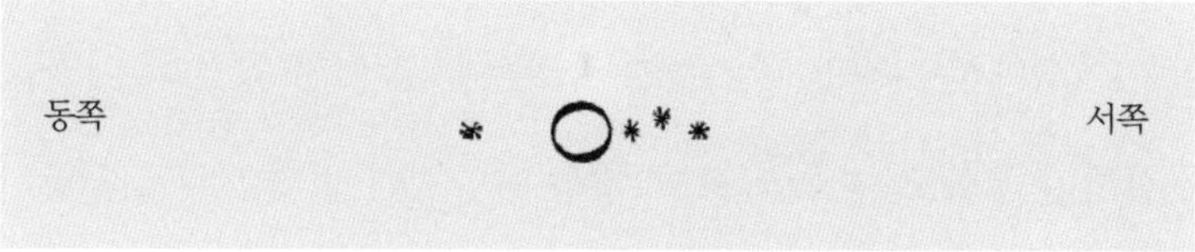

동쪽 * O * * * 서쪽

이 별들은 거의 일직선상에 놓여 있었지만 서쪽에 있는 별들 가운데 중앙에 있는 별은 직선에서 약간 북쪽으로 벗어나 있었다. 동쪽에 있는 별은 목성으로부터 2분 떨어져 있었고, 목성과 나머지 별들 사이의 간격은 1분밖에 되지 않았다. 세 별 모두 같은 크기로 보였고 매우 작았지만, 같은 크기의 다른 붙박이별에 비하면 그래도 훨씬 더 밝았다.

14일 밤, 날이 흐렸다.

15일 밤, 해가 지고 3시간이 지난 뒤, 4개의 별이 다음 그림과 같이 배열되어 있었다.

동쪽 서쪽

별들이 모두 서쪽에 모여 있었고 목성에서 세 번째 있는 별이 약간 북쪽으로 치우친 것만 빼고 모두가 거의 일직선으로 정렬되어 있었다. 목성에 가장 가까이 있는 별이 가장 작았고, 나머지는 상대적으로 커 보였다. 목성과 세 별 사이의 거리는 각각 2분으로 동일했고, 가장 서쪽에 있는 별은 목성에서 가장 가까이 있는 별과 4분 떨어져 있었다. 이것들은 3시간 전이나 후에도 평소와 같이 매우 밝았지만 반짝이지는 않았다. 그러나 해가 지고 7시간이 지난 뒤에는 아래에 보이는 것처럼 오직 3개만이 목성과 함께 있었다.

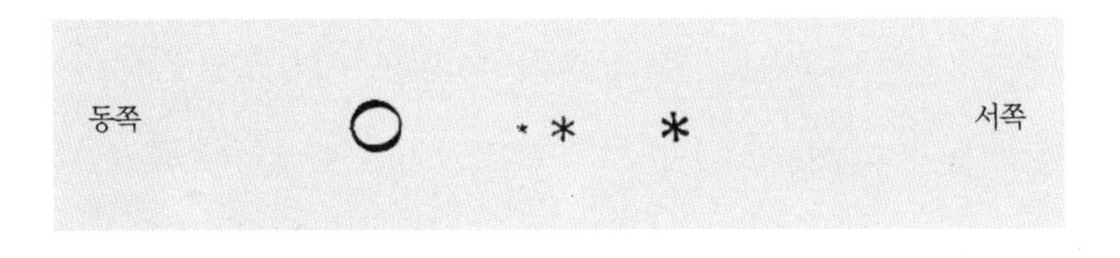

이것들은 정확하게[88] 일직선상에 있었다. 목성에 가장 가까이 있는 것이 가장 작았고, 목성에서 3분 떨어져 있었다. 두 번째 별은 첫 번째 별에서 1분 떨어져 있었고, 세 번째 별은 두 번째 별에서 4분 30초 떨어져 있었다. 그러나 1시간 뒤, 가운데 있던 2개의 별은 더욱 가까워져서 약

30초 정도만 떨어져 있는 것으로 보였다.

16일, 해가 지고 1시간이 지난 뒤, 3개의 별이 다음과 같이 배열되어 있는 것을 보았다.

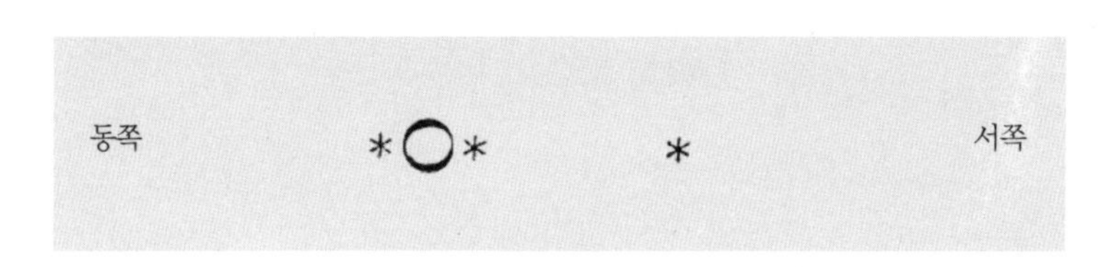

2개의 별이 목성의 양쪽 옆구리에서 40초 떨어져 있었다. 세 번째 별은 목성에서 서쪽으로 8분 떨어져 있었다. 목성에 가까이 있는 것이 더 크게 보이지는 않았지만 멀리 있는 것보다 더 밝게 보였다.

17일, 해가 지고 30분이 지난 뒤, 별들의 모습은 다음과 같았다.

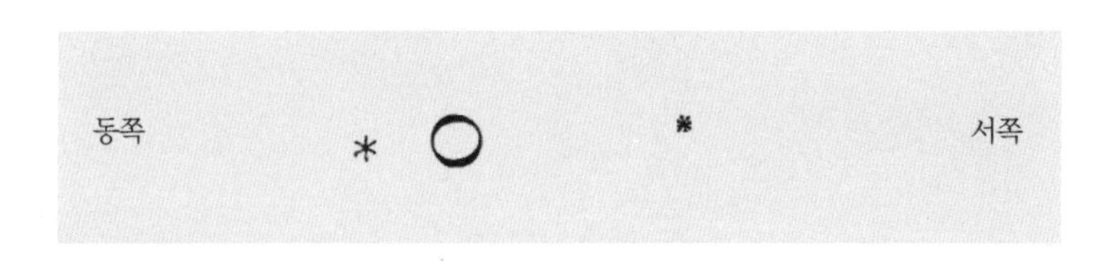

목성에서 동쪽으로 3분 거리에 별 하나만 보였다. 서쪽으로는 11분 거리에 별 하나가 보였다. 동쪽 별은 서쪽 별보다 2배쯤 더 커 보였다. 2개 외에 다른 별은 보이지 않았다. 그러나 4시간 후, 즉 해가 지고 약 5시간이 지난 뒤에는 동쪽에 세 번째 별이 나타나기 시작했다. 이 별은 내가 전에 본 첫 번째 별과 함께 있던 것이 아닌가 하는 생각이 들었다. 배치는 다음과 같았다.

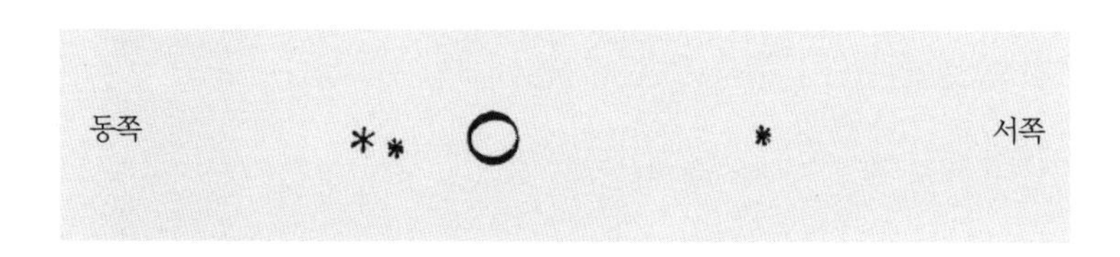

가운데 있는 별은 동쪽에 있는 별과 매우 가까이, 고작 20초쯤 떨어진 곳에 있었고, 멀리 있는 별과 목성을 잇는 직선에서 약간 남쪽으로 쳐져 있었다.

18일 밤, 해가 지고 20분이 지난 뒤, 별들의 배치는 다음과 같았다.

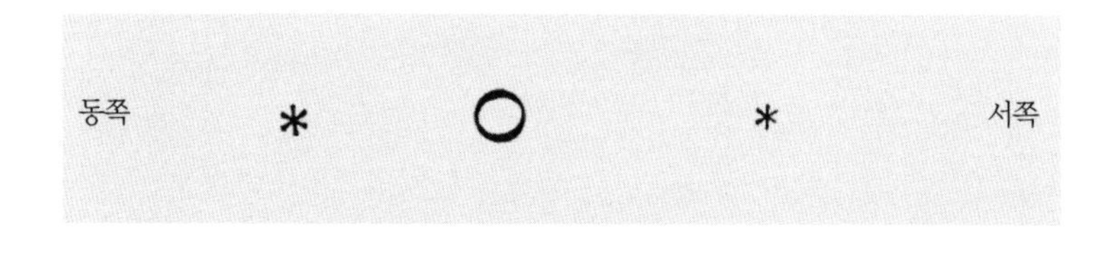

동쪽에 있는 별은 서쪽에 있는 별보다 더 컸다. 서쪽 별은 목성에서 10분 떨어져 있었고, 동쪽 별은 8분 떨어져 있었다.

19일, 해가 지고 2시간이 지난 뒤, 별들의 배치는 다음과 같았다.

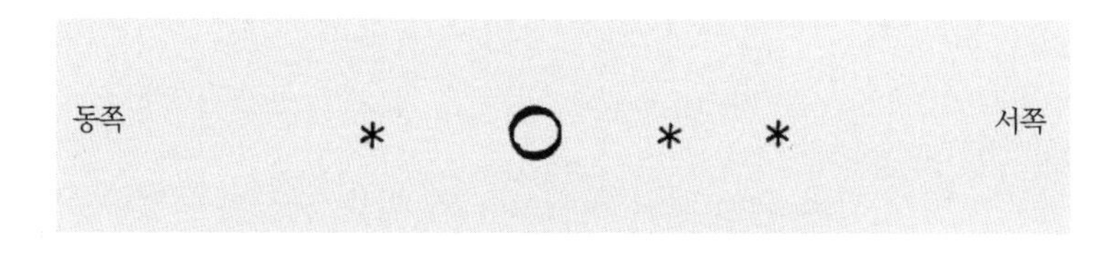

3개의 별이 정확하게 목성과 일직선상에 있었고, 동쪽 별은 목성에서 6분 떨어져 있었다. 목성에 가까운 서쪽의 별은 목성에서 5분 떨어져 있었고, 더 서쪽의 별과는 4분 떨어져 있었다. 이때 동쪽 별과 목성 사이에 작은 별 하나가 목성에 바투 근접해 있는지는 확실치 않았다. 그리고 해가 지고 5시간이 지난 뒤, 동쪽 별과 목성 사이 중간 지점에 작은 별이 있는 것을 보았다. 별들의 배열은 다음과 같다.

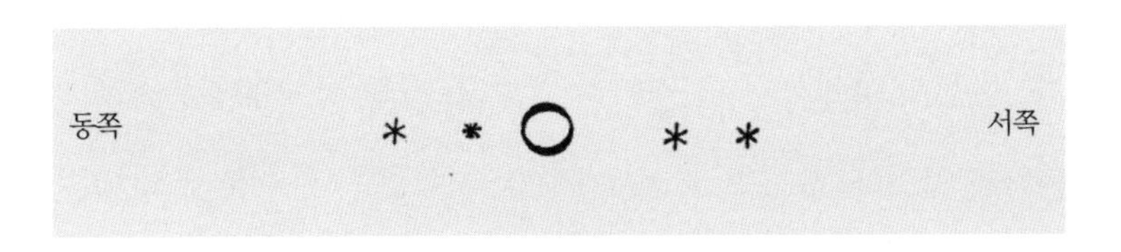

새롭게 보인 별은 매우 작았다. 그러나 해가 지고 6시간이 지난 뒤에는 밝기가 다른 별들과 거의 같아졌다.

20일, 해가 지고 1시간 15분이 지난 뒤, 다음과 같은 모습으로 보였다.

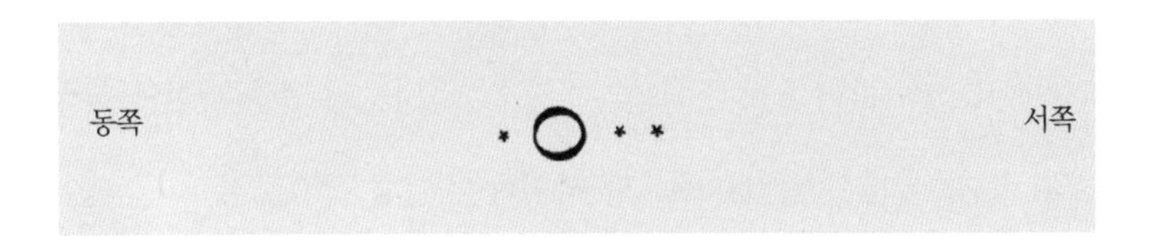

작은 별 3개는 너무 작아서 가까스로 알아볼 수 있었다. 이 별들은 서로 1분 거리에 있었고, 목성과도 1분 거리였다. 서쪽에 있는 별들이 3개인지 2개인지는 확실치 않았다. 해가 지고 6시간이 지난 뒤, 별들의 배열은 다음과 같았다.

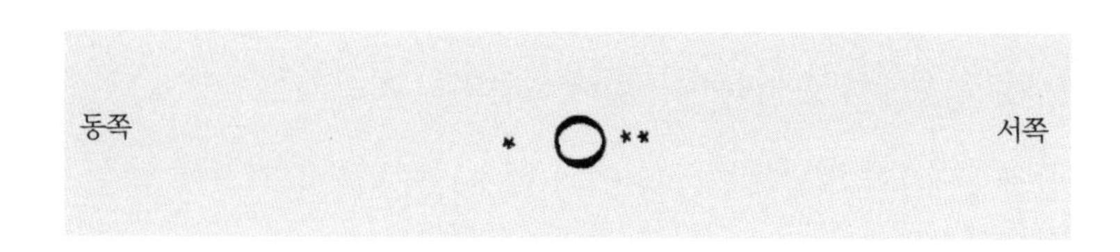

동쪽 별은 전보다 목성에서 2배 더 멀어져서 2분 거리에 있었다. 서쪽 중간의 별은 목성에서 40초 떨어져 있었고, 가장 서쪽에 있는 별과는 20초 떨어져 있었다. 해가 지고 7시간이 지나자 마침내 서쪽에 3개의 작은 별이 보였다.

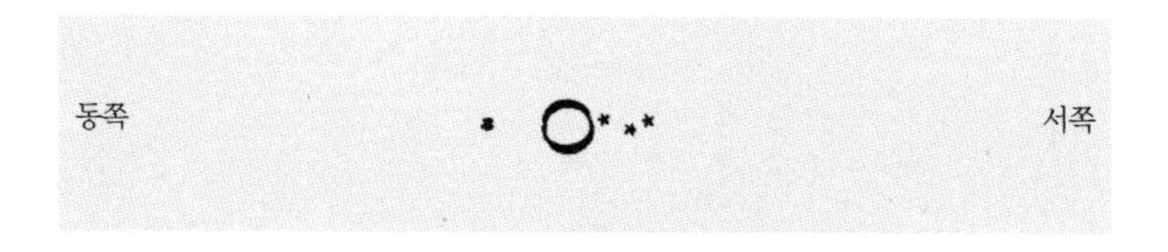

목성에서 가장 가까운 별은 20초 거리에 있었고, 이 별은 가장 서쪽에 있는 별과 40초 떨어져 있었다. 두 별 사이에는 남쪽으로 조금 처진 별이 있었다. 이 별은 가장 서쪽에 있는 별에서 기껏해야 10초쯤 떨어져 있었다.

21일, 해가 지고 30분이 지난 뒤, 동쪽에 작은 3개의 별이 목성에서 일정한 간격을 두고 배열되어 있었다.

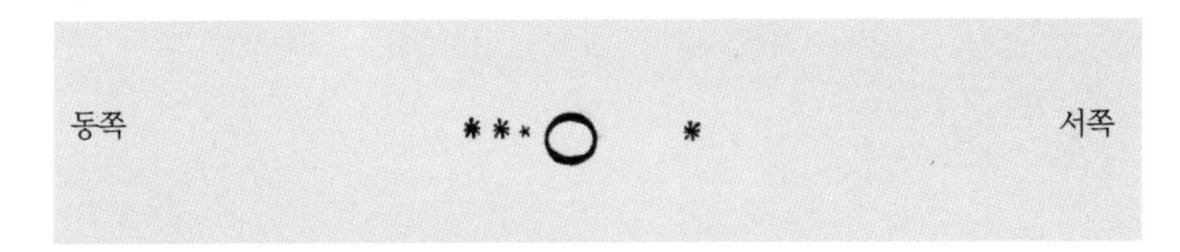

그 간격은 50초쯤으로 보였다. 목성에서 서쪽으로 4분 떨어진 곳에 또 하나의 별이 있었다. 목성에서 가장 가까이 있는 동쪽 별이 가장 작아 보였다. 그보다 조금 더 큰 나머지 별들은 크기가 서로 비슷해 보였다.

22일, 해가 지고 2시간이 지난 뒤, 별들의 배열은 다음과 같았다.

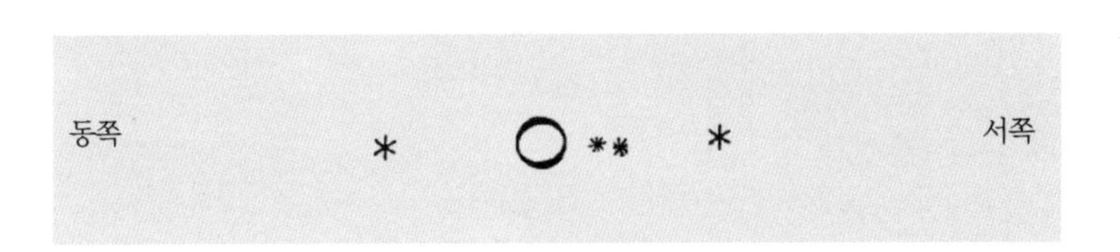

동쪽 별은 목성에서 5분 거리에 있었고, 가장 서쪽에 있는 별은 목성에서 7분 거리에 있었다. 가장 서쪽의 별과 목성 사이에는 서로 40초 떨어진 2개의 별이 있었고, 그중 목성 가까이 있는 별은 목성에서 1분 거리에 있었다. 가운데 있는 작은 두 별은 바깥의 별들보다 작았고, 서쪽에 있는 별 3개 중 남쪽으로 조금 처진 중간의 별을 제외하면 모두 황도를 따라 일직선상에 위치해 있었다. 그러나 해가 지고 6시간이 지난 뒤, 별들은 다음과 같이 배열되어 있었다.

동쪽

서쪽

동쪽 별은 매우 작았고, 전과 같이 목성에서 5분 떨어져 있었다. 서쪽에 있는 3개의 별은 각기 목성과 일정한 거리를 두고 있었고, 그 간격은 1분 20초였다. 목성 가까이 있는 별은 나머지 2개의 별보다 작아 보였다. 이 별들은 정확하게 일직선상에 놓여 있었다.

23일, 해가 지고 40분이 지난 뒤, 별들의 배치는 다음과 같았다.

동쪽

서쪽

3개의 별들이 여느 때처럼 황도를 따라 일직선으로 나란히 배열되어 있었다. 2개는 동쪽에, 하나는 서쪽에 있었다. 가장 동쪽에 있는 별은 옆의 별과 7분 떨어져 있었고, 목성과는 9분 40초 떨어져 있었다. 또 서쪽에 있는 별은 목성에서 3분 20초 떨어져 있었다. 밝기는 모두 동일했다. 그러나 해가 지고 5시간이 지난 뒤, 목성 가까이 있던 2개의 별이 더 이상 보이지 않았다. 내가 보기엔 목성 뒤에 가려진 것 같았다. 그 모습은 다음과 같았다.

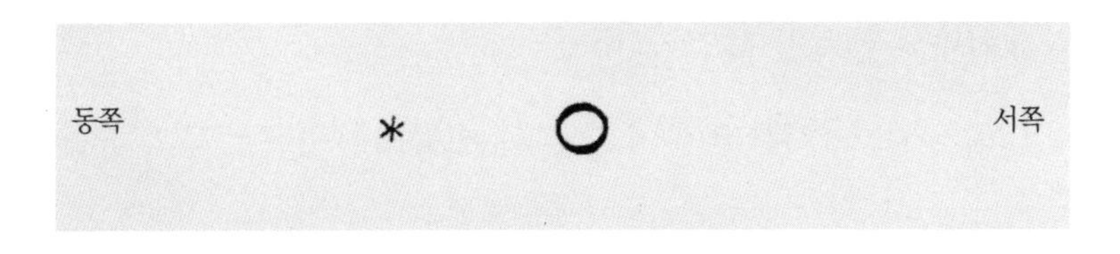

24일, 3개의 별이 다음과 같이 모두 동쪽에 나타났다.

별들은 목성과 거의 같은 직선상에 놓여 있었는데, 가운데 있는 별만 남쪽으로 약간 쳐져 있었다. 목성에서 가장 가까운 별은 2분 거리에 있었다. 30초 거리에 다음 별이 있었고, 또 9분 거리에 가장 동쪽의 별이 있었다. 모두가 몹시 밝았다. 그러나 해가 지고 6시간이 지나자 2개의 별만이 다음과 같이 정확하게 일직선상에 남아 있었다.

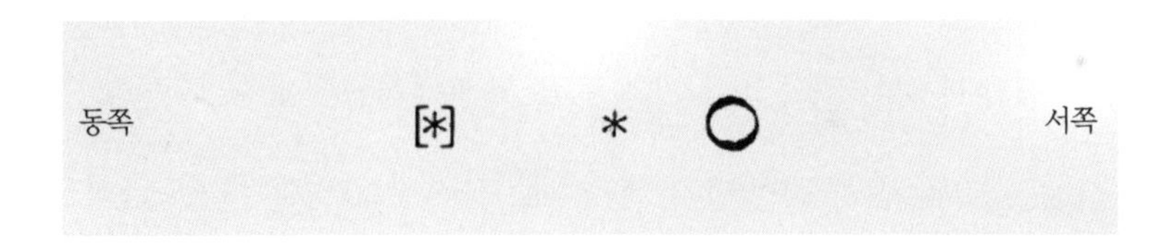

목성에서 가까운 별은 3분 거리에 있었고, 다시 8분 거리에 다음 별이 있었다. 내가 실수한 게 아니라면, 전에 가운데 있는 것으로 관측된 2개

의 별이 하나로 합쳐진 것 같았다.

25일, 해가 지고 1시간 40분이 지난 뒤, 별들의 배열은 다음과 같았다.

동쪽에 2개의 별만 있었는데, 이것들은 꽤 컸다. 가장 동쪽에 있는 것은 가운데의 별과 5분 거리에 있었고, 다시 6분 거리에 목성이 있었다.

26일, 해가 지고 40분이 지난 뒤, 별들의 배열은 다음과 같았다.

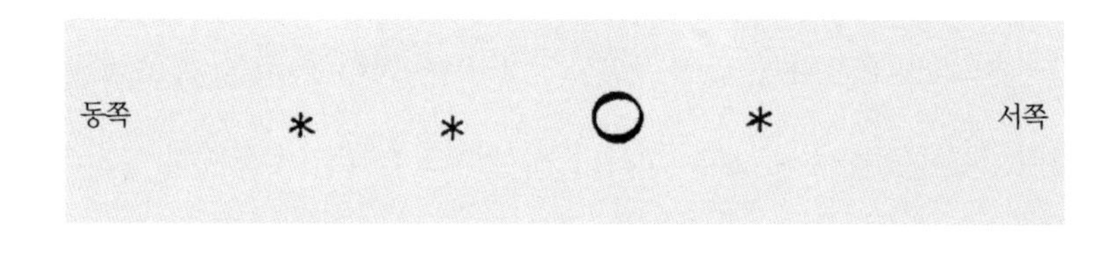

3개의 별이 관측되었는데, 2개는 동쪽에, 하나는 서쪽에 있었다. 서쪽 별은 목성에서 5분, 동쪽 가운데의 별은 목성에서 5분 20초 거리에 있었다. 가장 동쪽의 별은 가운데의 별과 6분 거리에 있었다. 모두 일직선상에 있었고 밝기가 같았다. 해가 지고 5시간이 지난 뒤, 목성 가까이 네 번째 별이 나타났다는 것만 제외하면 별들의 배열은 전과 거의 같았다.

새 별은 나머지 별들보다 작았고, 그림에서 보는 것처럼 일직선상에서 약간 북쪽으로 올라가 있었다. 이 별은 목성에서 30초 거리에 있었다.

27일, 해가 지고 1시간이 지난 뒤, 그림과 같이 동쪽에 하나의 별만 보였다.

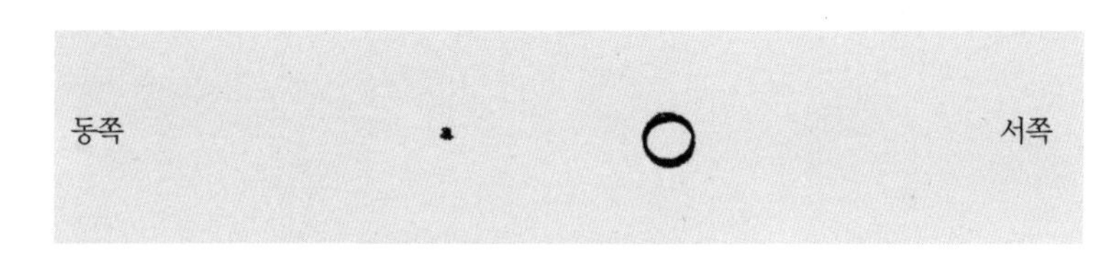

이 별은 매우 작았고, 목성에서 7분 떨어져 있었다.

28일과 29일 밤, 구름 때문에 관측을 할 수 없었다.

30일, 해가 지고 1시간이 지난 뒤, 별들은 아래 그림과 같이 배열되어 있었다.

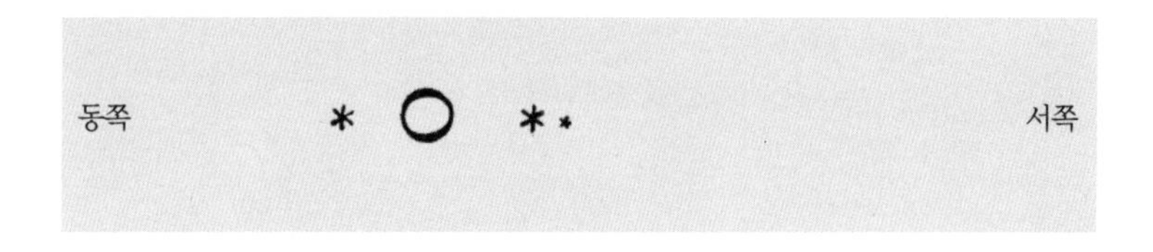

하나는 목성에서 동쪽으로 2분 30초 떨어져 있었고, 2개는 서쪽에 있

었다. 그중 목성 가까이 있는 것은 목성에서 3분 거리에 있었고, 다시 1분 거리에 다른 별이 있었다. 가장 바깥에 있는 두 별과 목성은 일직선상에 있었고, 가운데의 별은 약간 북쪽에 있었다. 가장 서쪽의 별은 다른 두 별보다 작았다.

1월의 마지막 날, 해가 지고 2시간이 지난 뒤, 동쪽에 2개, 서쪽에 1개의 별이 보였다.

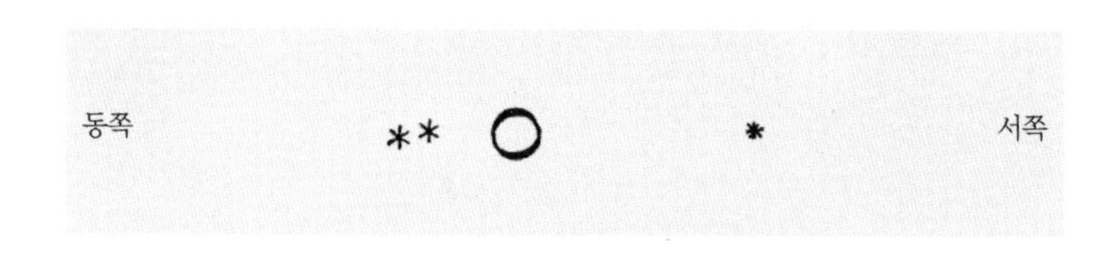

동쪽 가운데의 별은 목성에서 2분 20초 거리에 있었고, 다시 30초 거리에 가장 동쪽의 별이 있었다. 서쪽 별은 목성에서 10분 떨어져 있었다. 별들은 거의 일직선상에 있었는데, 목성에서 가장 가까운 동쪽 별만 약간 북쪽으로 올라가 있었다. 그러나 해가 지고 4시간이 지난 뒤, 동쪽 2개의 별이 더 가까워져서, 서로 20초 거리에 있었다. 서쪽 별은 매우 작아 보였다.

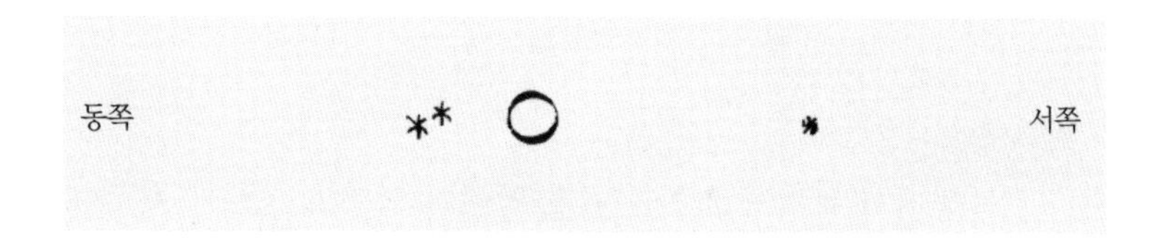

2월 초하루, 해가 지고 2시간이 지난 뒤, 별들의 배열은 다음과 같았다.

동쪽 별은 목성에서 6분, 서쪽 별은 목성에서 8분 떨어져 있었다. 그런데 목성에서 동쪽으로 20초 떨어진 곳에 아주 작은 별이 하나 있었다. 별들은 매우 정확하게 일직선상에 있었다.

2월 2일, 별들은 다음과 같이 배열되어 있었다.

동쪽으로 6분 거리에 별 하나가 있었고, 서쪽으로 4분 거리, 그리고 다시 8분 거리에 두 별이 있었다. 밝기는 거의 같았고, 일직선상에 놓여 있었다. 그러다 해가 지고 7시간이 지난 뒤, 동쪽에 네 번째 별이 나타났다.

동쪽 서쪽

목성은 중간에 놓여 있었다. 가장 동쪽의 별은 그 옆의 별과 4분 거리에 있었다. 다시 1분 40초 거리에 목성이 있었다. 목성에서 서쪽으로 6분 거리에, 그리고 다시 8분 거리에 두 별이 있었다. 이들은 황도를 따라 일직선상에 놓여 있었다.

3일, 해가 지고 7시간이 지난 뒤, 별들은 이렇게 배열되어 있었다.

동쪽 별은 목성에서 1분 30초 거리에 있었다. 서쪽 방향으로 가장 가까이 있는 별이 2분 거리에 떨어져 있었고, 또 다른 별이 그 별에서 10분 떨어져 있었다. 이것들은 완전히 일직선상에 있었고 밝기가 같았다.

4일, 해가 지고 2시간이 지난 뒤, 목성 둘레에 4개의 별이 나타났다.

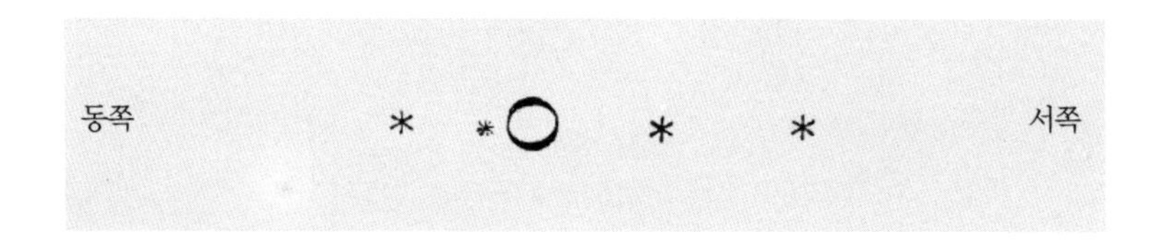

모두 일직선상에 놓여 있었고, 동쪽에 2개, 서쪽에 2개의 별이 있었다. 가장 동쪽의 별은 그 옆의 별에서 3분 떨어져 있었고, 다시 40초 떨어진 곳에 목성이 있었다. 목성에서 서쪽으로 4분 거리에 별이 하나 있었고, 다시 6분 거리에 가장 서쪽의 별이 있었다. 밝기는 거의 같았는데, 목성에서 가장 가까이 있는 별이 다른 별들보다 조금 작았다. 그러나 해가 지고 7시간이 지난 뒤, 동쪽 별들은 서로 30초 거리에 있었다.

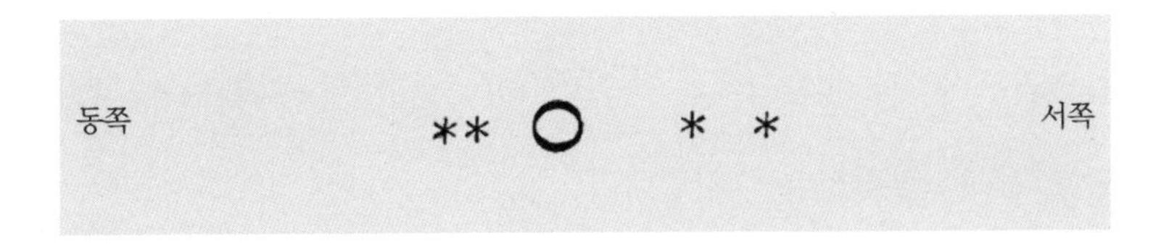

목성까지는 2분 거리였다. 서쪽의 별은 목성에서 4분 거리에 있었고, 거기서 다시 3분 떨어진 곳에 가장 서쪽의 별이 있었다. 밝기는 모두 같았고, 황도를 따라 일직선상에 있었다.

5일은 하늘에 구름이 꼈다.

6일, 목성 옆에 2개의 별만 보였다.

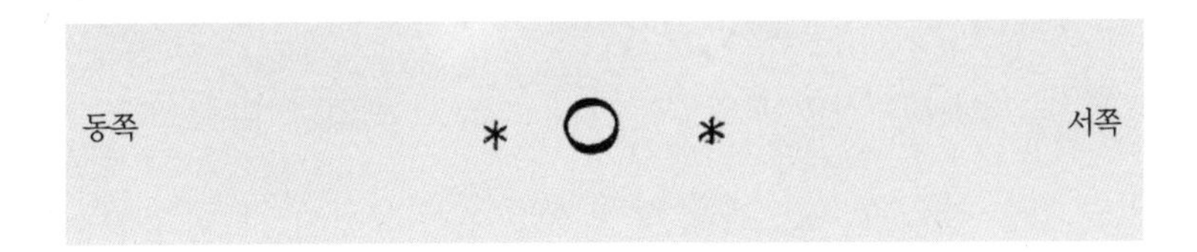

동쪽 별은 목성에서 2분 떨어져 있었고, 서쪽 별은 3분 떨어져 있었다. 밝기는 같았고, 모두 일직선상에 있었다.

7일, 목성 가까이 2개의 별이 보였는데, 다음과 같이 둘 다 동쪽에 있었다.

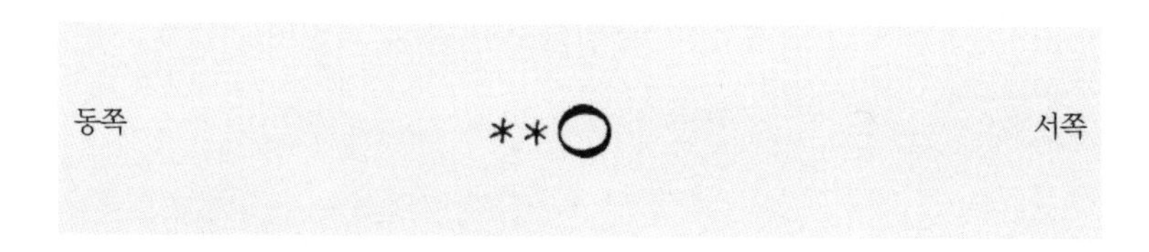

각 별과 목성 사이의 거리는 똑같이 1분 거리였다. 이들은 목성의 중앙을 통과하는 일직선상에 있었다.

8일, 해가 지고 1시간이 지난 뒤, 3개의 별이 보였는데 다음 그림과 같이 모두 동쪽에 있었다.

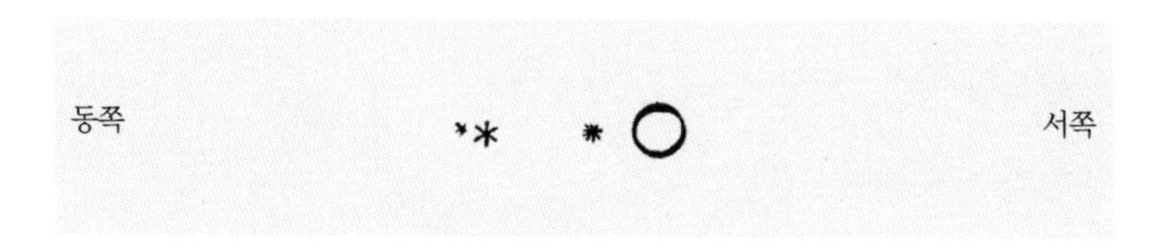

목성에서 가장 가까이 있는 작은 별은 1분 20초 거리에 있었다. 가운데의 별은 다시 4분 거리에 있었는데 다소 크게 보였다. 다시 20초 거리에 있는 가장 동쪽의 별은 가장 작게 보였다. 목성 가까이 있는 별이 하나인지 두 개인지는 분간할 수 없었다. 가끔 동쪽으로 약 10초 떨어진 곳에 아주 작은 별이 하나 더 있는 것처럼 보였기 때문이다. 이들은 모두 황도를 따라 일직선을 이루고 있었다. 그러나 해가 지고 3시간이 지난 뒤, 목성 가까이 있던 별은 거의 목성과 붙었고, 가운데의 별은 목성에서 6분 거리에 있었다. 이어 1시간이 더 지난 뒤에는 거의 목성에 붙어 있던 별이 목성과 합쳐져서 더 이상 보이지 않았다.

9일, 해가 지고 30분이 지난 뒤, 다음과 같이 목성의 동쪽에 2개, 서쪽에 1개의 별이 있었다.

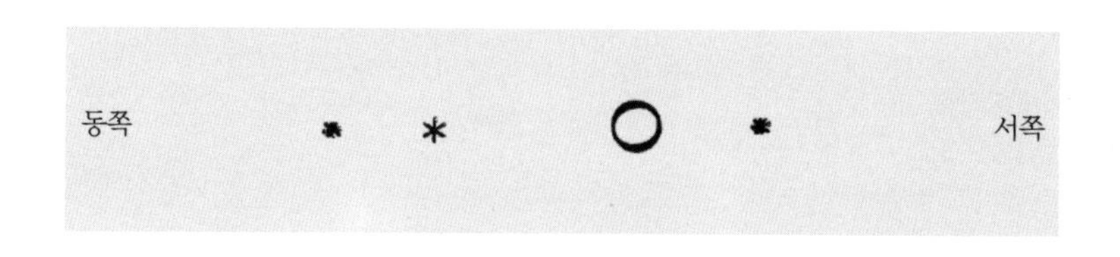

가장 동쪽에 있는 다소 작은 별은 그 옆의 별과 4분 떨어져 있었다. 상대적으로 더 큰 가운데의 별은 목성에서 7분 떨어져 있었다. 서쪽에 있는 작은 별은 목성에서 4분 떨어져 있었다.

10일, 해가 지고 1시간 30분이 지난 뒤, 매우 작은 2개의 별이 아래와 같이 동쪽에 나타났다.

멀리 있는 것은 목성에서 10분, 가까이 있는 것은 20초 떨어져 있었다. 이들은 모두 일직선상에 있었다. 그러나 해가 지고 4시간이 지난 뒤, 하늘이 아주 맑았는데도 목성 가까이 있던 별이 더 이상 보이지 않았고, 다른 별도 거의 볼 수 없을 만큼 어두워졌다. 그리고 목성과의 거리는 더 멀어져서 이제 12분 거리에 놓여 있었다.

11일, 해가 지고 1시간이 지난 뒤, 동쪽에 2개, 서쪽에 1개의 별이 나타났다.

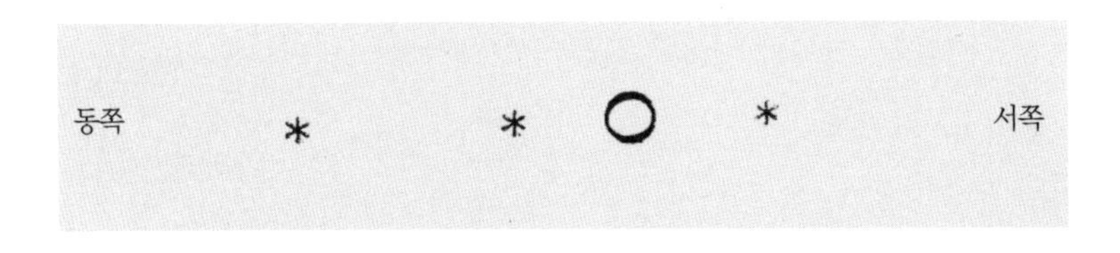

서쪽 별은 목성에서 4분 거리에 있었다. 목성 가까이 있는 동쪽 별은 서쪽 별과 거의 똑같이 4분 거리에 있었고, 가장 동쪽의 별은 다시 8분 거리에 있었다. 밝기는 보통이었고, 모두 일직선상에 있었다. 그러나 해가 지고 3시간이 지난 뒤, 네 번째 별이 목성의 동쪽에 나타났다.

다른 별들에 비해 작은 이 별은 목성에서 30초 거리에 있었고, 일직선상에서 약간 북쪽으로 올라가 있었다. 이들은 모두 매우 밝았고 눈에 잘 보였다. 그러나 해가 지고 5시간 30분이 지난 뒤에는 목성에서 가장 가까운 동쪽 별이 목성에서 제법 멀어져서, 옆의 별과 목성 중간에 놓여 있었다.

또한 위 그림에서 보듯이 별들은 정확하게 일직선상에 있었고, 밝기가 같았다.

12일, 해가 지고 40분이 지난 뒤, 동쪽에 2개, 서쪽에도 2개의 별이 나타났다.

가장 동쪽의 별은 목성에서 10분 거리, 가장 서쪽의 별은 목성에서 8분 거리에 있었다. 두 별은 매우 잘 보였다. 목성에서 매우 가까이 있는 두 별은 아주 작았다. 그중 동쪽 별은 목성에서 40초, 서쪽 별은 1분 거리에 있었다. 그러나 해가 지고 4시간이 지난 뒤에는 목성 가까이에 있던 동쪽 별이 더 이상 보이지 않았다.

13일, 해가 지고 30분이 지난 뒤, 동쪽에 2개, 서쪽에도 2개의 별이 보였다.

목성 가까이 있는 동쪽의 별은 매우 밝았고, 목성에서 2분 거리에 있었다. 더 동쪽에 있는 별은 작게 보였는데 옆의 별과 4분 거리에 있었다. 가장 서쪽에 있는 별은 매우 밝았고 목성에서 4분 거리에 있었다. 이 별과 목성 사이에 아주 작은 별이 있었는데, 가장 서쪽의 별에 가까이 붙어 있는 것처럼 보였다. 이 별들 사이의 거리는 30초도 되지 않았다. 이들은 모두 황도를 따라 정확히 일직선상에 있었다.

14일, 해가 지고 1시간이 지난 뒤 별들의 배열은 다음과 같았다.

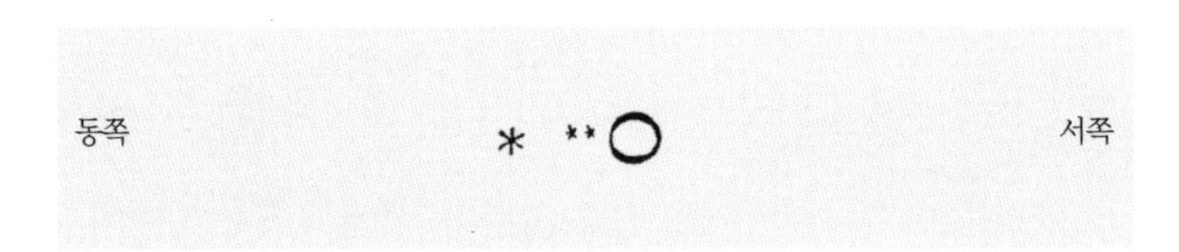

3개의 별이 동쪽에 보였고, 서쪽에는 아무것도 보이지 않았다. 동쪽 별 가운데 목성과 가장 가까운 별은 50초 거리에 있었고, 옆의 별은 거기서 20초 거리에 있었다. 다시 2분 거리에 가장 동쪽의 별이 있었다. 목성에서 가까운 두 별은 매우 작았고, 가장 멀리 있는 별이 가장 컸다. 그런데 5시간 후에는 목성 가까이 있던 별 중에 하나만 보였고, 다음과 같이 30초 거리에 놓여 있었다.

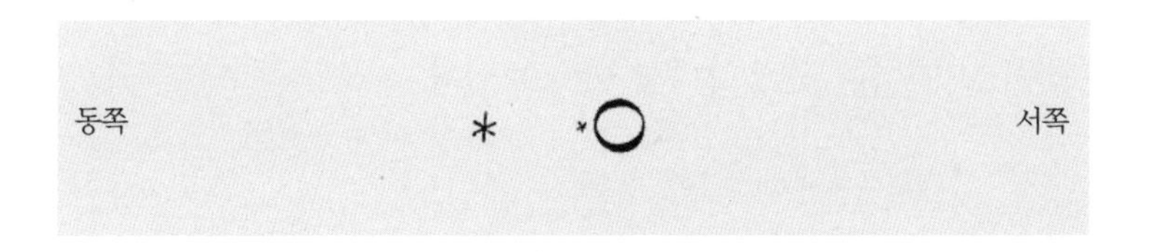

가장 동쪽의 별과 목성의 이 각은 점점 더 증가되어 4분이 되었다. 그러나 해가 지고 6시간이 지난 뒤에는 앞서 말한 동쪽의 두 별 외에, 서쪽으로 2분 거리에 아주 작은 별 하나가 나타났다.

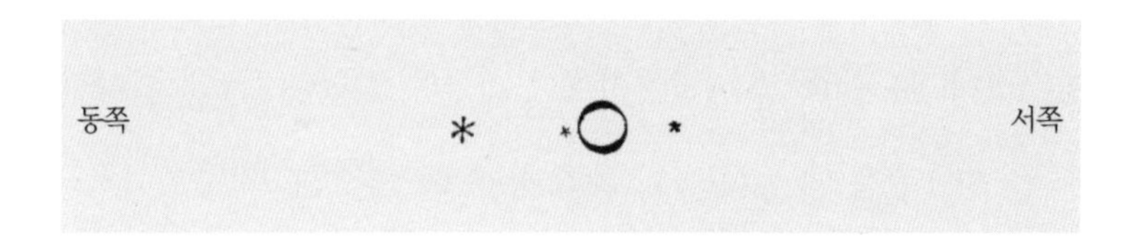

16일, 해가 지고 6시간이 지난 뒤, 별은 다음과 같이 배열되어 있었다.

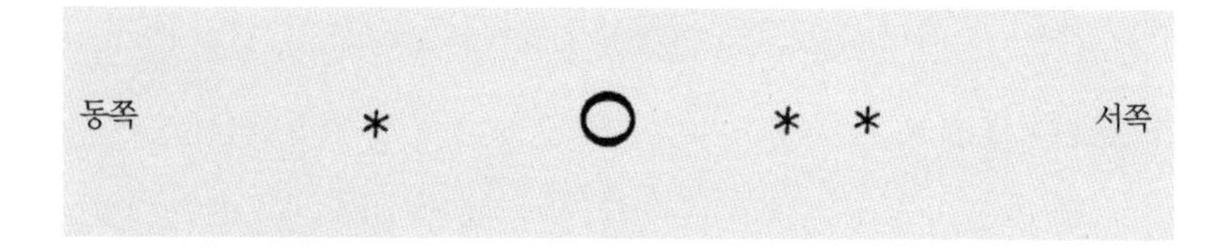

동쪽 별은 목성에서 7분 거리에 있었고, 서쪽으로는 5분 거리와 다시 3분 거리에 다른 두 별이 있었다. 이들은 매우 밝았는데, 밝기가 동일했고, 황도를 따라 일직선상에 있었다.

17일, 해가 지고 1시간이 지난 뒤, 목성 동쪽으로 3분 떨어진 곳과 서쪽으로 10분 떨어진 곳에 하나씩 별이 보였다.

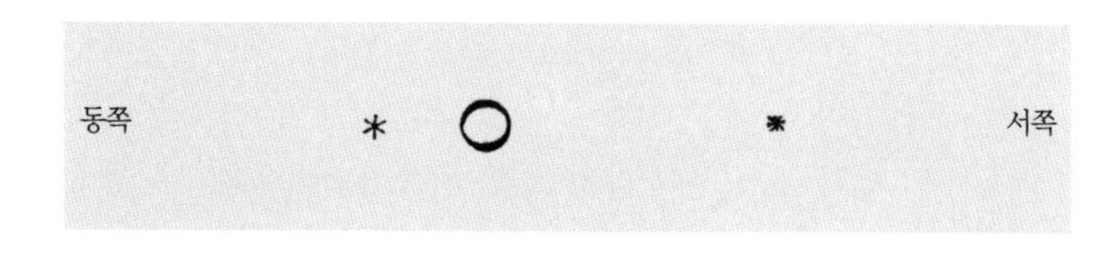

서쪽 별이 동쪽 별보다 조금 작았다. 6시간 후에는 동쪽 별이 목성에 더 가까워져서 50초 거리에 있었다. 서쪽 별은 더 멀어져서 12분 간격으로 벌어졌다. 두 관측 모두 별들이 일직선상에 있었다. 두 별은 다 작았는데, 두 번째 관측 때 동쪽 별이 특히 작게 보였다.

18일, 해가 지고 1시간이 지난 뒤, 3개의 별이 보였는데 그 가운데 2개는 서쪽에, 1개는 동쪽에 있었다.

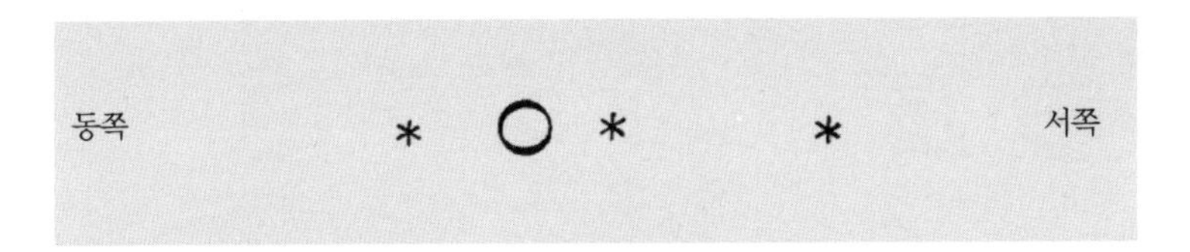

동쪽 별은 목성에서 3분 떨어져 있었고, 목성 가까이 서쪽에 있는 별은 2분, 가장 서쪽의 별은 다시 8분 떨어진 곳에 있었다. 모두 거의 같은 밝기였고, 정확히 일직선상에 있었다. 2시간 뒤에는 목성 가까이 있던 두 별이 목성에서 거의 같은 거리에 있었다. 서쪽 별이 목성에서 3분 떨어진 곳으로 이동한 것이었다. 해가 지고 6시간이 지난 뒤, 네 번째 별이 동쪽 별과 목성 사이에 나타났다.

가장 동쪽의 별은 옆의 별과 3분 거리에 있었고, 다시 1분 50초 거리에 목성이 있었다. 목성에서 서쪽으로 3분 거리에 별이 하나 있고, 다시 7분 거리에 가장 서쪽의 별이 있었다. 이 별들은 거의 같은 크기였는데, 목성 가까이 동쪽에 있는 별이 조금 작은 편이었다. 이들은 모두 황도와 나란히 일직선상에 놓여 있었다.

19일, 해가 지고 40분이 지난 뒤, 매우 큰 2개의 별만이 목성의 서쪽에서 보였다.

두 별은 황도와 나란히 완벽한 직선을 이루고 있었다. 가까이 있는 별은 목성에서 7분 거리에 있었고, 다시 6분 거리에 가장 서쪽의 별이 있었다.

20일, 하늘에 구름이 끼었다.

21일, 해가 지고 1시간 30분이 지난 뒤, 3개의 아주 작은 별이 아래와 같이 배열되어 있었다.

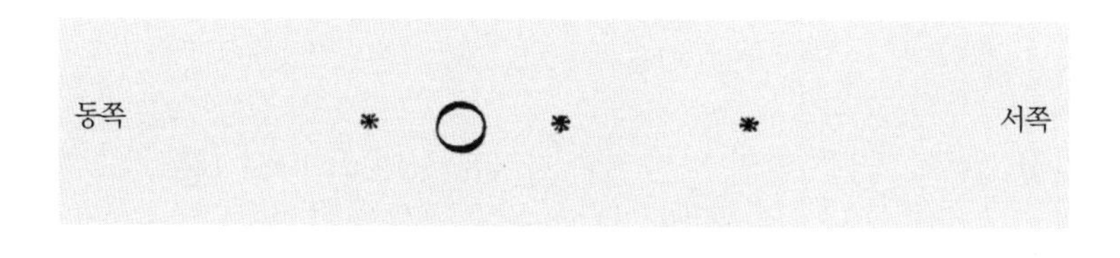

동쪽 별은 목성에서 2분 거리에 있었고, 서쪽의 두 별은 목성에서 3분, 그리고 다시 7분 거리에 있었다. 이들은 모두 정확히 황도와 나란히 일직선상에 있었다.

25일, 해가 지고 1시간 30분이 지난 뒤, 3개의 별이 보였다(이전 사흘

동안은 모두 구름이 끼었다).

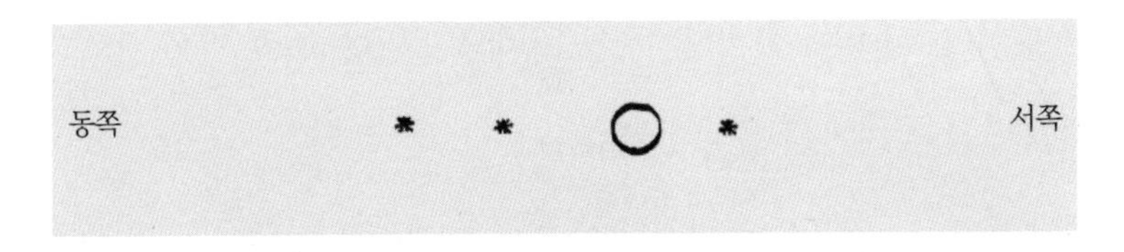

동쪽의 두 별은 각각 4분 거리에 있었고, 서쪽의 별은 목성에서 2분 거리에 있었다. 이들은 모두 황도와 나란히 일직선상에 있었다.

26일, 해가 지고 30분이 지난 뒤, 2개의 별만 보였다.

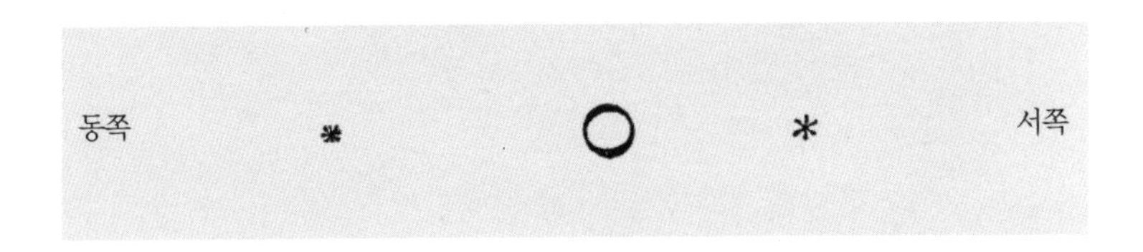

하나는 목성에서 동쪽으로 10분 거리에, 다른 하나는 서쪽으로 6분 거리에 있었다. 동쪽의 별은 서쪽의 별보다 약간 작았다. 그러나 해가 지고 5시간이 지난 뒤에는 3개의 별이 보였다.

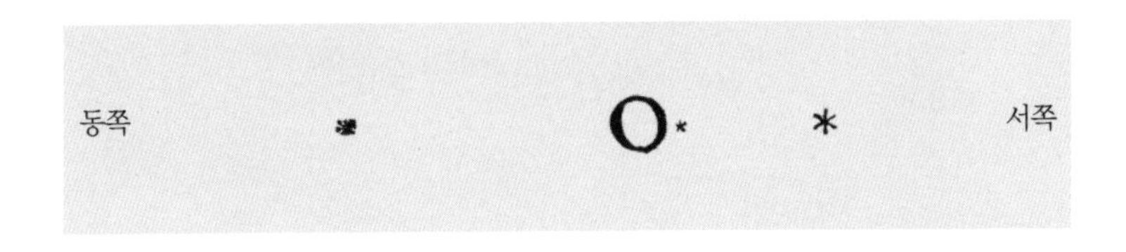

앞서 확인한 2개의 별과 더불어 세 번째 별이 목성 가까이 서쪽에 있

는 것이 감지되었다. 이 별은 매우 작았는데 목성의 뒤에 숨어 있었던 것으로 보인다. 이 별은 목성에서 1분 거리에 있었다. 동쪽 별은 전보다 더 멀어져서 11분 거리에 놓여 있었다.

이날 밤 나는 처음으로 다른 붙박이별을 기준으로 삼아, 황도를 따라 움직이는 목성과 그 옆에서 함께 움직이는 별들의 진행을 관측하기로 마음먹었다. 붙박이별 하나를 관찰할 수 있었기 때문이다. 이 붙박이별은 목성에서 가장 동쪽에 있는 별에서 동쪽으로 11분 떨어진 곳에서 약간 남쪽으로 아래의 그림과 같이 자리 잡고 있었다.[89]

27일, 해가 지고 1시간 4분[90]이 지난 뒤, 별들은 다음과 같이 배열되어 있었다.

가장 동쪽의 별은 목성에서 10분 떨어져 있었고, 동쪽 가까운 별은 목

성에서 30초 떨어진 곳에 있었다. 서쪽 가까이 있는 별은 목성에서 2분 30초 거리에 있었고, 다시 1분 거리에 가장 서쪽의 별이 있었다. 목성 가까이 있는 두 별은 작게 보였는데, 특히 동쪽 별이 아주 작았다. 바깥에 있는 두 별은 아주 잘 보였는데, 서쪽 별이 더 밝았다. 이들은 황도와 나란히 직선을 이루고 있었다.

앞서 말한 붙박이별과 비교해 보니, 이 별들이 동쪽으로 진행한 것을 분명히 알아볼 수 있었다. 아래 그림에서 볼 수 있듯이, 목성이 동반 행성들과 함께 이 붙박이별에 더 가까워졌기 때문이다. 그러나 해가 지고 5시간이 지난 뒤, 목성 가까이 있던 동쪽 별은 목성에서 1분 거리로 멀어졌다.

28일, 해가 지고 1시간이 지난 뒤, 2개의 별만 보였다.

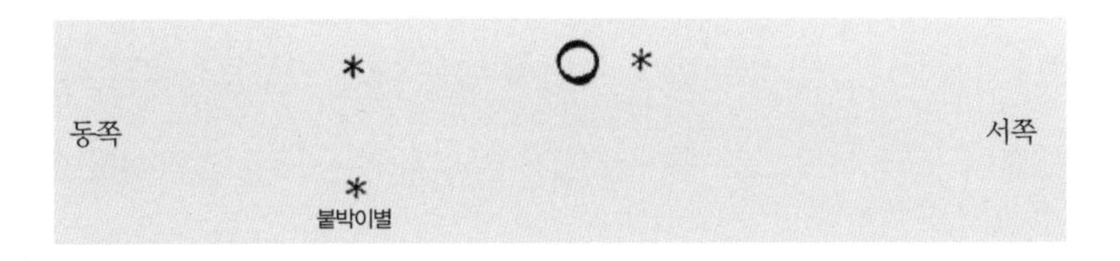

하나는 동쪽으로 9분 거리에, 다른 하나는 서쪽으로 2분 거리에 있었다. 이들은 매우 잘 보였고 일직선상에 있었다. 그림에서 보듯이 이 직선은 동쪽 별과 붙박이별을 이은 직선과 수직을 이루고 있었다. 그러나 해가 지고 5시간이 지난 뒤, 세 번째의 작은 별이 목성에서 2분 떨어진 곳에 다음과 같이 배열되어 있었다.

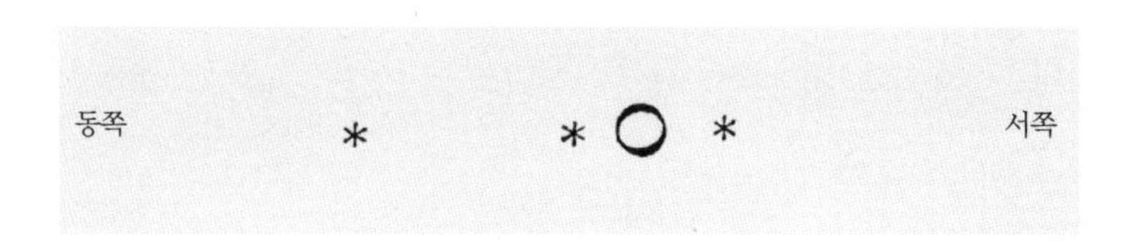

3월 1일, 해가 지고 40분이 지난 뒤, 4개의 별이 모두 동쪽에서 보였다.

목성에서 가장 가까운 별은 2분 거리에, 다음 별은 다시 1분 거리에 있었다. 다시 20초 거리에 세 번째 별이 있었는데, 다른 별들보다 훨씬 더 밝았다. 다시 4분 거리에 있는 네 번째 별은 다른 별들보다 작았다. 세 번째 별이 조금 북쪽으로 올라간 것을 제외하고는 모두 일직선상에 있었다. 그림에서 보듯이, 가장 동쪽의 별과 목성, 그리고 붙박이별을 이으면 이등변삼각형을 이루었다.

2일, 해가 지고 40분이 지난 뒤, 3개의 행성이 다음 그림처럼 보였다.

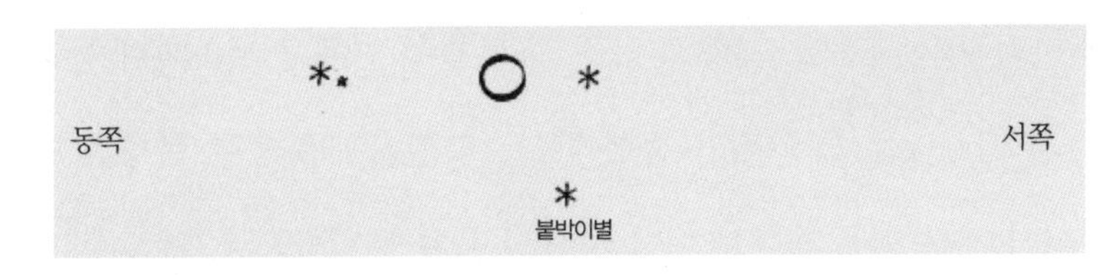

2개는 동쪽에, 1개는 서쪽에 있었다. 가장 동쪽의 행성은 목성에서 7분 거리에 있었고, 옆의 행성과는 30초 거리에 있었다. 서쪽 행성은 목성에서 2분 거리에 있었다. 바깥의 두 행성은 조그마한 안쪽 행성보다 훨씬 더 밝고 더 크게 보였다. 가장 동쪽의 행성은 다른 두 별과 목성이 이루는 직선보다 약간 북쪽에 있었다. 전부터 주시하고 있던 붙박이별은 그림에서 보듯이 행성들의 직선과 수직을 이루며 서쪽 행성에서 8분 떨어진 곳에 있었다.

나는 목성과 근처 행성들의 위치를 붙박이별과 비교해서, 그것을 통해 행성들의 움직임이 적경과 적위를 따라 정확히 표에서 예측한 대로 진행한다는 것을 누구나 알아볼 수 있게 하기로 결심했다.[91]

이상은 내가 처음으로 발견한 4개의 메디치 행성들을 최근에 관측한 결과이다. 아직 이들의 주기를 계산할 수는 없었지만, 이 결과를 통해 주목할 만한 몇 가지 사항은 설명되었다고 본다.

무엇보다도 중요한 것은, 목성이 '세계의 중심'을 12년 주기로 돌고 있는 동안 이 메디치 행성들이 모두 목성 둘레를 돌고 있다는 것을 의심할 수 없었다는 것이다. 이들이 비슷한 간격으로 목성을 앞서거니 뒤서거니 하며 따라가기 때문에, 그리고 아주 작은 범위 안에서 서쪽이나 동쪽으로 움직이기 때문에, 그리고 순행에서든 역행에서든 모두 목성을 따라 움직이기 때문이다. 게다가 이들은 목성 근처에 2개 또는 3개, 때로는 4개 전부가 동시에 모여 있기는 하지만, 목성에서 가장 멀리 떨어진 곳에서는 2개의 행성이 하나로 합쳐진 것처럼 보이는 법이 없다. 이러한 사실로 미뤄 볼 때, 이 행성들은 서로 다른 궤도를 선회하고 있다는 것을 알 수 있다. 또한 더 작은 원을 그리며 목성 둘레를 도는 행성이 더 빠르게 공전하고 있다는 것도 알 수 있다.[92] 목성과 가까이 있는 별들이 어제는 서쪽에 있다가 오늘은 동쪽에 있기도 하고 그 반대의 경우도 있다.

한편, 주의해서 아주 정확하게 관찰한 결과 가장 큰 원을 그리며 도는 행성의 주기는 15일 정도인 것으로 보인다.[93] 따라서 우리는 행성이 태양 둘레를 돌고 있다는 코페르니쿠스의 체계를 조심스럽게 수용하면서도, 지구와 달이 태양을 일 년에 한 번씩 함께 돌면서 동시에 달이 지구 둘레를 돌기도 한다는 것이 너무 당혹스러워서, 이러한 우주의 구성을 불가능한 것으로 결론짓고 마는 사람들의 당혹감을 일거에 없애 버릴 수 있는 뛰어나고 훌륭한 논거를 갖게 되었다.[94] 한 행성의 둘레를 돌면서 그 행성과 함께 태양 둘레를 크게 돌기도 하는 것(달)을 우리는 이제까지 하나밖에 몰랐지만, 이제는 4개의 별이 목성 둘레를 돌면서 그 목성과 함께 12년 주기로 태양 둘레를 크게 돌고 있다는 것을 알게 되었기 때문이다.[95]

메디치 별들이 목성 둘레를 아주 작게 공전하는 동안 이따금 2배 가까이 더 커 보이는 이유를 이제 설명하지 않을 수 없다. 우리는 이것이 지구의 수증기 때문이라고 할 수는 없다. 왜냐하면 목성과 그 주위에 있는 붙박이별들의 크기가 변하지 않는 동안에도, 이 새로운 별들은 작게도 크게도 보였기 때문이다. 게다가 이들의 궤도에서 겉보기 크기를 변화시킬 만큼 원지점과 근지점[96]으로 멀어졌다가 가까워졌다고 보는 것은 상상할 수 없는 일이다. 작은 원운동으로는 그렇게 될 수가 없으며, 타원운동(이 경우에는 거의 직선을 이루는 운동) 또한 이런 모습과 어울리지 않는다.[97] 나는 내 생각을 기꺼이 말하겠고, 그 평가는 현명한 사상가의 판단에 맡기겠다. 널리 알려진 현상이지만, 관측을 하는 눈앞에 지구의 수증기가 있으면 태양이나 달이 더 크게 보이는 반면, 붙박이별들은 더 작게 보인다. 이런 이유 때문에 지평선 근처에서는 발광체가 더 크게 보이는 반면,[98] 별(그리고 행성)은 더 작게 보이고 대개는 잘 안 보인다. 그 수증기에 빛이 산란되면 더욱 잘 안 보인다. 이런 이유 때문에 앞서 말한 대로, 달과 달리 별(그리고 행성)은 낮이나 어스름이 깔렸을 때 아주 작게 보인다.[99]

앞에서 말한 것뿐만 아니라, 앞으로 우리의 우주 체계에 대해서 더 충분히 논의하게 될 것들을 미루어 볼 때, 지구뿐만 아니라 달도 수증기 구球에 둘러싸여 있는 것이 확실하다.[100] 다른 행성들에도 같은 생각을 적용할 수 있으므로, 주위 에테르보다 더 밀도가 높은 구가 목성 근처에 있어서 메디치 행성들이 달처럼 그 원소의 구에 감싸여 있을 가능성도 없지 않다. 메디치 행성들이 지구에서 멀리 떨어져 있을 때에는 이 물질이 우리를 가로막고 있어서 별들이 더 작게 보이고, 지구 가까이 있을 때에는 이 구가 없거나 얇아져서 별들이 더 크게 보인다.[101] 시간이 부족해서 이 문제를 좀더 깊이 연구할 수 없었다. 그러나 현명한 독자께서는 이 문제들에 대해 머잖아 더 많은 얘기가 나올 것을 기대해 주시기 바란다.

1. 갈릴레오는 13세기까지 가계도를 추적할 수 있는 피렌체의 유서 깊은 가문 출신이다. 그의 가문에는 피렌체 공화국의 정부 각료회의 회원과 유명한 물리학자들이 있다. 『*Opere*』 19:17; 스틸먼 드레이크, 『*Galileo at Work*』.
2. 여기서 갈릴레오는 'reperio'라는 동사에서 유래된 'reperti'라는 라틴어를 사용했다. 이 낱말은 '발명'과 '제작'이라는 두 가지 뜻을 모두 갖고 있다. 따라서 갈릴레오가 자신이 망원경을 '발명'한 사람이라 사칭했다는 비난은 근거가 없다. 문맥에 따라 그저 망원경을 '제작'한 사람이라 읽을 수 있기 때문이다. 에드워드 로즌, 「Did Galileo Claim He Invented the Telescope?」, 《*Proceedings of the American Philosophical Society*》 98호(1954): 304~312.
3. 여기에 사용된 라틴어는 'perspicillum'이고, 갈릴레오는 이 도구를 설명하기 위해서 'occhiale'라는 이탈리아어를 사용했다. 이 번역본에서는 이 낱말을 망원경spyglass(직역하면 염탐경)이라고 번역했지만, 오늘날 흔히 쓰이는 '망원경telescope'이라는 말은 1611년 이후에 사용되었다.

4. 갈릴레오는 목성의 위성을 '별stars'이라고도 불렀고 '행성planets'이라고도 불렀다. 아리스토텔레스의 우주론에 근거한 옛날의 어법에 의하면 두 가지 모두 옳다고 할 수 있다.
5. 메디치의 코시모 2세(1590~1621)는 코시모 1세의 손자로서, 그 가문에서 처음으로 대공Grand Duke이라는 칭호를 얻었다. 그는 1609년 그의 아버지인 페르디난드 1세 Ferdinand I의 사후에 뒤를 이어 왕위에 올랐다.
6. 서력 기원전 1세기에 살았던 로마의 시인 섹스투스 프로페르티우스Sextus Propertius의 『애가*Elegies*』 3권 2행에 있는 노래의 힘에 대한 대목에서 인용한 것이다. E. H. W. Meyerstein, 『*The Elegies of Propertius*』(London: Oxford University Press, 1935), 95~96.
7. 그리스어 '코메테스cometes'와 라틴어 '크리니투스crinitus'는 모두 '머리털 같은'이라는 뜻이다. 따라서 이 말은 그 별의 겉모습을 묘사하고 있는 것으로 '머리털 같은 별'을 뜻한다.
8. 수에토니우스Suetonius가 쓴 열두 로마 황제의 전기는 갈릴레오가 살던 시대에 영어로 번역되었다. 율리우스 카이사르를 다룬 88절에 이런 말이 나온다. "그는 56세에 죽어 신으로 추앙되었다. 이것은 그에게 바쳐진 찬사 때문만 아니라 일반인들의 믿음 때문이었다. 신으로 추앙된 그를 위하여 후계자인 아우구스투스가 처음으로 마련한 체육대회와 연극제 기간 동안, 밝은 별이 매일 밤 11시에 떠올라 일주일 동안이나 밝은 빛을 비춰 주었다. 이 때문에 사람들은 그것이 하늘로 올라간 카이사르의 영혼이라고 믿었고, 그 이후 카이사르의 초상화에는 머리에 쓴 왕관에 별이 새겨지게 되었다." 『*Suetonius History of Twelve Caesars translated into English by Philemon Holland anno 1606*』, 2권(London: David Nutt, 1899), 1:80; Wilhelm Gundel and Hans Georg Gundel, 『*Astrologumena: Die Astrologische Literatur in der Antike und ihre Geschichte*, beiheft 6, *Sudhoffs Archiv*』(Wiesbaden: Franz Steiner, 1966), 127~128.
9. 갈릴레오는 코페르니쿠스의 체계를 이야기하고 있는 것이 분명하다.
10. 갈릴레오는 목성을 아버지 곧 남성형으로 지칭했다. 현대 영어에서는 천체를 가리킬 때 중성대명사it를 사용하지만, 19세기까지는 태양, 수성, 화성, 목성, 토성을 가리

킬 때 남성대명사he를, 그리고 달과 금성을 가리킬 때 여성대명사she를 사용했다.

11. '중천Midheaven'은 천구의 적도와 자오선이 만나는 곳이다.

12. 이것은 별자리 점의 일종이다. 동쪽 지평선에서 천구의 적도가 떠오르는 지점은 첫 번째 별자리의 시작을 나타낸다.

13. 망원경은 천체 발견의 새로운 장을 열었다. 갈릴레오는 자신의 발견물에 이름을 붙일 권리를 주장함으로써, 20세기 들어 다른 이들도 이것을 본받아 따르게 되었다. 오늘날에는 새로운 천체에 이름을 붙이는 것이 국제조약에 의해서 규제되고 있고, 종종 국제천문연맹의 위원회에서 적당한 이름을 배정하기도 한다.

14. 메디치 가의 역사를 알기 위해서는 다음 자료 참고. Ferdinand Schevill, 『*The Medici*』(New York: Harcourt, Brace & Co., 1949; New York: Harper, 1960); J. R. Hale, 『*Florence and the Medici: The Pattern of Control*』(London: Thames & Hudson, 1977).

15. 이런 종류의 공식 편지에서는 종종 날짜를 로마 식으로 표시했다. 날짜는 칼렌즈Kalends, 노네스Nones, 혹은 이데스Ides의 날에서 시작해서 거꾸로 센다. 3월, 5월, 7월, 10월에는 15일, 그 밖의 달은 13일이 이데스의 날이다. 따라서 3월의 이데스 4일 전은 3월 12일에 해당한다. (초하루가 칼렌즈이며, 이데스 8일 전이 노네스이다:옮긴이)

16. '10인 위원회'는 공화국의 안전보장을 위한 위원회로서 1310년에 처음 만들어져서 1335년에 영구기관이 되었다. 이 위원회는 주로 범죄 및 도덕에 대한 문제를 다루었으며, 외교, 재정, 전쟁 문제에 대한 권한도 행사했다. 책을 출판하려는 경우에는 이 위원회의 장으로부터 허락을 받아야 했다.

17. 1517년 이후 파도바대학교의 종교 감독관 곧 '리포르마토리Riformatori는 베네치아 의회 의원 3명으로 구성되었다. 리포르마토리는 베니치아 영토에서의 인쇄 출판에 대한 검열권을 가진 정부기관이었으며, 이들이 10인 위원회에 추천을 하곤 했다. Paul Grendler, 「Roman Inquisition and the Venetian Press, 1540~1605」, 《*Journal of Modern History 47*》(1975): 48~65; 재판 《*Culture and Censorship in Late Renaissance Italy and France*》(London: Variorum Reprints, 1981), no. 9.

18. 프톨레마이오스가 『알마게스트』에서 열거한 별은 1,022개이다. G. J. Toomer, 『*Ptolemy's Almagest*』(London: Duckworth, 1984), 341～399.

19. 달까지의 거리는 일반적으로 지구 '반지름'의 60배로 알려져 있다. 1610년 1월 7일의 편지에서처럼 『시데레우스 눈치우스』의 원고와 출간본에서 갈릴레오는 실수로 '반지름' 대신 '지름'을 단위로 쓰고 있다(『*Opere*』, 10:273, 277). 따라서 이 부분은 "지구 '반지름'의 60배나……"로 수정되어야 한다. 에드워드 로즌, 「Galileo on the Distance between the Earth and the Moon」, 《*Isis*》 43호(1952): 344～348.

20. 갈릴레오가 관측에 사용한 망원경이 30배율이라는 뜻이다. 1610년 1월 7일자 편지에서 그는 30배율 망원경의 제작을 끝냈다고 말했다(『*Opere*』, 10:277). 그러나 이것을 자주 사용했다는 증거는 없다. 드레이크, 『*Galileo at Work*』, 147～148.

21. 프톨레마이오스의 고전적인 우주관에 의하면 모든 행성이 지구를 중심으로 움직인다. 그러나 고대 그리스에서 나온 이 유명한 이론의 한 가지 변형은, 다른 행성과 달리 수성과 금성만은 태양 둘레를 돈다고 주장한다. 이렇게 변형을 가하면, 이 행성들이 언제나 태양 근처에서 크게 벗어나지 않는다는 문제를 잘 설명할 수 있다.

22. 해설 후주 31 참고

23. 이에 해당하는 라틴어 'Belga'는 벨기에가 아니라 네덜란드 사람이라고 번역되어야 한다. 「A Note on the Word 'Belgium'」, in Pieter Geyl, 『*The Netherlands in the Seventeenth Century*』, 제1부, 1609～1648(London: Ernest Benn, 1961), 260～262.

24. 해설 23쪽~26쪽 참고.

25. 수학 교수로서 갈릴레오는 당시의 광학 이론을 완벽하게 이해하고 있었다. 그러나 당시의 광학 이론은 망원경을 만드는 데 그리 도움이 되지 못했다. 1623년에 발표된 책 『시금석*Assayer*』에서 갈릴레오는 소형 망원경 제작 방법을 이해하게 된 과정을 더 자세히 설명하고 있다. 스틸먼 드레이크와 C. D. O'Malley, 『*The Controversy on the Comets of 1618*』(Philadelphia: University of Pennsylvania Press, 1960), 211～213.

26. 이에 해당하는 라틴어 'Perspicillum'은 분명히 일반적인 안경렌즈를 뜻한다.

27. 이것은 당시의 안경 제작자들로부터 구입한 일반 렌즈를 이용해서 만들 수 있었던

소형 망원경의 최대 배율이다.

28. 갈릴레오가 베네치아 의회에 제출한 것이 바로 이 망원경이다.

29. 17번 후주 참고.

30. 19번 후주 참고.

31. 항성과 행성.

32. 대물렌즈의 크기와 시야 각 사이의 관계는 사실상 갈릴레오가 여기서 말하려고 했던 것보다 훨씬 더 복잡하다. 따라서 이런 형태의 망원경을 측정 도구로 사용하려는 시도는 모두 실패할 수밖에 없다. John North, 「Thomas Harriot and the First Telescopic Observations of Sunspots」, in John W. Shirley, ed., 『*Thomas Harriot; Renaissance Scientist*』(Oxford: Clarendon Press, 1974), 129~165, at 158~160.

33. 갈릴레오는 나중에 이런 이론을 발표하지 않았다.

34. 1609년 8월에 토머스 해리엇Thomas Harriot이 망원경으로 달 관측을 한 것에 관해서는 해설 30쪽(후주 22) 참고.

35. 머리말 참고.

36. 달이 태양과 합conjunction 위치에 놓이게 되면 태양 빛을 받는 쪽이 지구와 완전히 반대가 되기 때문에 지구에서는 달을 볼 수 없다. 오늘날의 천문학 용어로는 이것을 '그믐'이라고 부른다. 일식이 일어날 수 있는 것이 바로 이때이다.

37. 이때 달은 호리호리한 초승달로 보인다.

38. 지구에서 볼 때 달이나 행성이 태양과 90도를 이루는 곳에 있게 되면 '현quadrature'이라고 한다. 초승달 이후의 현을 '상현first quarter'이라 하고, 보름달 이후의 현을 '하현last quarter'이라 한다.

39. 오늘날의 달 지도로 보면 이것은 뿔 위쪽에 해당한다. 갈릴레오의 망원경으로는 물체의 상을 바로 볼 수 있었지만, 현대의 망원경으로는 물체가 거꾸로 서 있는 것처럼 보이기 때문이다. 현대의 달 지도는 실제 달의 위아래가 뒤집힌 모습이라는 것을 주목하라.

40. 이것에 대한 케플러의 논의를 알아보려면 맺음말 참고.

41. 갈릴레오의 목적은 달의 정확한 지도를 만드는 것이 아니라, 달이 지구와 비슷하다는 것을 드러내 보이는 것이었다. 따라서 그의 그림과 실제 달의 모양을 일대일로 대응시키는 것은 매우 어려운 일이다. 여기서 상당히 과장 표현된 '구덩이'와 가장 비슷하다고 추측할 수 있는 것은 '알바테그니우스Albategnius 크레이터'이다. 이 문제에 관한 논의는 해설 23번 후주의 논문 참고.

42. 갈릴레오의 논법이 그럴 듯하긴 하지만, 산이 중첩되어 있다고 해서 달의 가장자리가 완벽하게 매끄러울 수는 없다. 오늘날의 성능 좋은 망원경으로 보면 고르지 못한 부분을 쉽게 관측할 수 있다.

43. 나중에 갈릴레오는 이 주장을 포기했다. 달의 모습을 더 자세하게 다룬 『프톨레마이오스와 코페르니쿠스의 두 세계관에 관한 대화(1632)』에서는 이 주장을 찾을 수 없다.

44. 지구와 달의 지름은 아주 오래전부터 놀랄 만큼 정밀하게 알려져 있었다. 앨버트 반 헬덴, 『*Measuring the Universe*』, 4~27. 갈릴레오는 여기서 편의적인 숫자와 분수를 사용하고 있다.

45. 엄밀하게 말하면 '이탈리아마일'이란 것은 없다. 피렌체마일, 베네치아마일, 로마마일은 모두 현대 영국마일과 10% 내외의 오차가 있을 뿐이다.

46. 1,010,000의 정확한 제곱근 값은 1,004.98…이다. 이것은 1,004보다 더 큰 값이기 때문에 갈릴레오의 주장을 더욱 신빙성 있게 만든다.

47. 기하학을 이용해서 산의 높이를 측정하려는 노력은 고대 그리스에서부터 시작되었다. 초기의 시도에 의하면 산의 높이는 일반적으로 대략 1.6킬로미터였다. 이후의 시도에 따라 다른 값이 나왔지만 갈릴레오는 초기 값을 믿은 듯하다. Florian Cajori, 「History of Determinations of the Heights of Mountains」, 《*Isis*》 12호(1929) : 482~514; C. W. Adams, 「A Note on Galileo's Determination of the Height of Lunar Mountains」, 《*Isis*》 17호(1932) : 427~429.

48. 태양과의 합.

49. 이 현상은 '루멘 시네레움Lumen Cinereum', 곧 달의 잿빛 현상이라고 불린다. 이것은 지구가 태양 빛을 달에 반사시켜서 생긴 현상이다.

50. '섹스타일sextile'은 지구에서 본 태양과 달 간의 각거리, 곧 이각elongation이 60도가 되는 때이다.

51. 다음 자료 참고. 에라스무스 라인홀트, 『*Peurbach's Theoricae Novae Planetarum*』(Wittenberg, 1553), ff. 164v~165r; Kepler, 『*Gesammelte Werke*』, 2:221~222.

52. 케플러의 말에 따르면, 이것은 튀코 브라헤Tycho Brahe가 1602년에 펴낸 『천문학 부흥을 위한 개론적 연구*Astronomiae Instauratae Progymnasmata*』에서 주장한 얘기이다. 다음 책 참고. 케플러, 『*Gesammelte Werke*』, 2:223; 로즌, 『*Kepler's Conversation*』, 119~120.

53. Vitello, 『*Perspectiva*』, 4권, 77. 다음 책 참고. 『*Opticae Thesaurus*』, Friedrich Risner 편집(Basel, 1572; reprint, New York: Johnson Reprint Corp., 1972), 『*Vitellionis Opticae*』, 151.

54. 월식 때 달이 붉게 보이는 것은 지구 대기에 의해 태양 빛이 굴절되기 때문이다. 지구를 스쳐 지나가는 태양 빛은 굴절되어 달을 살짝 비추게 된다. 이 빛이 지구 대기를 통과하는 동안 파란빛은 흡수되고 붉은빛이 더 많이 통과한다. 태양이 뜰 때와 질 때 붉게 보이는 것과 같은 원리이다.

55. 『*Dialogue concerning the Two Chief World Systems*』, 67~99.

56. 같은 책.

57. 붙박이별과 행성의 크기 측정은 고대부터 있어 왔다. 고대인들은 그것이 실제 크기보다는 훨씬 더 크다고 보았고, 프톨레마이오스의 후예들은 그것을 계속 믿어 왔는데, 결국 망원경의 발명으로 그것이 오류라는 사실이 증명되었다. A. Van Helden, 『*Measuring the Universe*』.

58. 이 별에는 붙박이별만이 아니라 떠돌이별 곧 행성도 포함된다.

59. 대낮broad daylight이 라틴어로는 'Circa Meridiem'인데, 이것은 '정오 무렵'이라는 의미이다. 금성이 태양으로부터 최대 이각elongation(약 45도)에 위치해 있어서 가장 밝게 보이고, 시계視界가 아주 좋을 때, 시력이 좋은 사람이 금성을 보기 위해서 어디를 봐야 하는지 정확하게 알고 있다면, 아주 드문 경우지만 정오 무렵에도 맨눈으

로 금성을 볼 수 있다. 그러나 이런 경우는 흔하지 않다. 갈릴레오가 말한 대낮이란 해가 뜬 직후나 해지기 직전 한두 시간을 뜻한 것으로 보인다.

60. 여기에 쓰인 갈릴레오의 주장에 대해서는 다음 책의 논문 참고. Harold I. Brown, 「Galileo on the Telescope and the Eye」, 《*Journal for the History of Ideas*》 46호(1985) : 487~501.

61. 이때까지 관측 가능한 항성과 행성의 차이점은 첫째로 운동 여부, 둘째로 항성은 반짝이는 반면 행성은 그렇지 않다는 것이었다.

62. '시리우스Sirius'를 뜻한다.

63. 이 숫자에는 문제가 있다. 다섯 등급의 차이는 밝기로 100배의 차이를 나타내는데, 이것은 구경을 10배 늘리는 것에 해당한다. 눈 안으로 들어오는 빛의 양은 동공의 크기에 의해 정해지며, 동공이 어두운 곳에서 가장 많이 열렸을 때 1/3인치가 된다. 따라서 갈릴레오의 망원경 구경이 적어도 3인치를 넘었어야 구경을 10배 늘린 효과를 얻을 수 있다. 그러나 우리는 이것이 사실이 아니라는 것을 알고 있다. 갈릴레오의 망원경의 구경은 1인치 이하에 머물렀다. 따라서 우리는 갈릴레오의 눈이 어두움에 완전히 적응되기 전에, 그러니까 1/3인치보다 훨씬 작았을 때를 기준으로 이 계산을 한 것이라고 결론지을 수 있다.

64. 그의 논문 가운데 갈릴레오가 오리온자리의 전체 성도를 만들었다는 것을 제시하는 논문은 없다.

65. 이상하게도, 갈릴레오는 맨눈으로도 볼 수 있는 오리온자리의 칼자루 근처에 있는 성운을 그리지 않았다. 이 성운은 프톨레마이오스와 코페르니쿠스의 목록에는 '흐릿하다'는 표시가 없이 확실한 '별'이라고 등록되어 있다. 이런 이유 때문에 오랜 시간이 지나는 동안 이 성운이 변화한 것으로 여겨진다. Thomas G. Harrison, 「The Orion Nebula : Where in History Is It?」, 《*Quarterly Journal of the Royal Astronomical Society*》 25호(1984) : 65~79. 이 논점을 평가하기 위해서는 다음 책 참고. Owen Gingerich, 「The Mysterious Nebulae, 1610~1924」, 《*Journal of the Royal Astronomical Society of Canada*》 81호(1987) : 113~127. 이 성운은 1611년

처음으로 관측되었다. Pierre Humbert, 『*Un Amateur: Peiresc, 1580~1637*』(Paris: *Desclée, de Brouwer et cie.*, 1933), 42쪽; Seymour L. Chapin, 「The Astronomical Activities of Nicolas Claude Fabri de Peiresc」, 《*Isis*》 48호(1957): 19~20. 별의 배열에 대한 묘사를 포함한 부분은 나중에 첨부되었음에 주의해야 한다. 이것을 포함한 4쪽은 16ᵛ와 17ʳ 사이에 더해졌지만 번호가 매겨져 있지는 않았다. 우리는 갈릴레오가 더 좋은 망원경으로 이 성운을 관측하면 각각의 별로 나뉘어 보일 거라고 확신했으며, 다른 한편으로는 이 책에서 자신의 주장이 희석되는 것을 원치 않았기 때문에 일부러 이 성운에 대해서 침묵한 것으로 볼 수 있다.

66. '타우루스'를 말한다.

67. 플레이아데스 성단은 수천 개의 별들로 이루어져 있으며 지구로부터 400광년 떨어져 있는 산개성단이다. 이들 중 6개의 별은 5등급보다 밝고, 전체적으로는 9개의 별이 6등급보다 밝다. 따라서 관측자의 시력에 따라서 6~9개의(심지어는 조금 더 많은) 별이 보이므로, 7개라는 숫자는 의미가 없다.

68. 갈릴레오 이전의 은하수에 대한 개념을 알기 위해서는 다음 책 참고. Stanley L. Jaki, 『*The Milky Way: An Elusive Road for Science*』(New York: Science History Publications; Newton Abbot: David & Charles, 1973), 1~101.

69. 프톨레마이오스의 목록에 6개, 코페르니쿠스의 목록에 5개씩 올라 있는 이른바 '구름 같은 별'은 사실 모두 각각의 별로 구분될 수 있다. 증명된 바와 같이 우주에는 구름 같은 물질이 있다. 하지만 19세기말에 이르러 분광기구가 나오기 전까지 이 문제는 해결되지 않았다.

70. 이 개념은 13세기에 알베르투스 마그누스Albertus Magnus가 처음 제시한 것이다. Jaki, 『*The Milky Way*』, 41. 이것은 갈릴레오의 시대에 판을 거듭해서 발행된 크리스토퍼 클라비우스Christopher Clavius(1537~1612)의 저서인 『사크로보스코의 천구에 대한 주석*Commentary on the Sphere of Sacrobosco*』(1570)에 설명된 것이다. 다음 책 참고. 『*In Sphaeram Ioannis de Sacro Bosco Commentarius*』(Rome, 1570), 376~377.

71. 이것은 오리온자리의 람다(λ), 파이1(Φ^1), 파이2(Φ^2) 근처 지역이다. 갈릴레오가 이

곳을 택한 까닭은 프톨레마이오스의 목록에 성운이라고 기록되어 있기 때문인 것이 분명하다. 다음 책 참고. 『*Ptolemy's Almagest*』, G. J. Toomer 편집(London: Duckworth, 1984), 382.

72. 여기서 큰 별로 표시된 것은 고대로부터 '아셀리Aselli', 즉 '당나귀 새끼'라고 불리던 'Cancri'의 감마(γ)성과 델타(δ)성이다. 그들 사이에 있는 성운은 NGC2632 또는 M44인데, '프레세페', 곧 '벌집 성운'이다. 『*Ptolemy's Almagest*』, 366.

73. 1610년 1월 7일부터 3월 2일.

74. 1612년 갈릴레오는 4개의 위성들의 주기를 모두 발표했다. 그 값은 현대에 알려져 있는 것과 거의 같다. 『*Discourse on Bodies in Water*』, Thomas Salusbury 번역, 스틸먼 드레이크 편집(Urbana: University of Illinois Press, 1960), 1.

75. 특별히 목성의 달인 경우에는 15배 이상의 배율을 가진 천문 관측용 망원경이 필요하다.

76. 갈릴레오가 사용한 날짜는 모두 그레고리력이다.

77. 해설 35쪽~37쪽 참고.

78. 목성의 동쪽 바로 옆에 있는 1번과 2번 위성은 매우 가까이 있었다. 그래서 갈릴레오가 그들을 하나로 본 것이다. Jean Meeus, 「Galileo's First Records of Jupiter's Satellites」, 《*Sky and Telescope*》 24호(1962): 137~139.

79. 해설 33쪽~36쪽 참고.

80. 이날 밤, 4번 위성은 목성의 동쪽으로 가장 멀리 떨어져 있었다. 갈릴레오가 만든 망원경의 시야가 좁았기 때문에 갈릴레오는 이 별을 보지 못했다. Meeus, 「Galileo's First Records」.

81. 해설 37쪽~40쪽 참고.

82. 이날 밤 1번 위성은 목성의 서쪽에 너무 가까이 있었기 때문에 반짝이는 목성의 빛에 가려졌다. 2번과 3번 위성은 서로 너무 가까이 있었기 때문에 갈릴레오는 이 2개의 위성을 동쪽에 있는 한 개의 위성으로 보았다. Meeus, 「Galileo's First Records」.

83. 1번과 2번 위성은 목성 바로 앞을 지난 탓에 갈릴레오가 발견할 수 없었던 것이다.

위 후주와 같은 책 참고.

84. 각거리 재는 방법 참고.

85. 처음에 갈릴레오는 동쪽에 있는 3번 위성과 서쪽에 있는 2번 위성 두 개만을 보았다. 1번과 4번 위성은 모두 동쪽에 있었고, 목성과 너무 가깝게 있었다. 1번 위성이 목성으로부터 멀어지기까지 갈릴레오가 이것을 보지 못했던 것 같다. Meeus, 『*Galileo's First Records*』.

86. 갈릴레오는 목성의 각 지름을 약 1분으로 잡았고, 이것을 사용해서 위성과의 거리를 측정하였다. 그러나 『시데레우스 눈치우스』와 그의 그림에서는 위성의 거리를 같게 유지하는 대신 목성의 크기를 두 배로 그렸다. 그래서 그림에서는 비율이 맞지 않는다. 스틸먼 드레이크, 『*Telescope, Tides, and Tactics*』(Chicago: University of Chicago Press, 1983), 214~219.

87. 목성의 달이 네 개 있다는 것을 알게 된 것이 바로 이날이다. 앞서의 관측에서는 여러 가지 이유 때문에 4개의 위성을 한 번에 모두 보기가 불가능했다.

88. 라틴어 'ad unguem'을 여기서는 '정확한'으로 일관되게 번역했다.

89. 이 별은 7등급의 별이었고 황도 바로 아래에 있었다. 황소자리에 있던 이 별의 적경은 5시, 적위는 +22.4도이다.

90. 여기서 갈릴레오는 '40분'을 의미한 것이 확실하다. 그러나 이것은 인쇄 오류가 아니다. 원고에도 4분으로 되어 있다. 『*Opere*』, 3:44.

91. 목성은 1월말에 '유(留, stationary)'를 지나 서쪽에서 동쪽으로 천천히 움직였다. 2월말에 목성은 날마다 적경을 따라 4분씩 천천히 움직였다. 다음 책 참고. Bryant Tuckerman, 『*Planetary, Lunar and Solar Positions A.D. 2 to A.D. 1649 at Five-Day and Ten-Day Intervals*』, American Philosophical Society, 『*Memoirs 59*』(1964): 823.

92. 행성의 주기가 그 궤도의 반지름에 관련되었다는 케플러의 제 3법칙은 1619년에서야 발표되었다.

93. 실제의 주기는 16일 18시간이다.

94. 이것은 코페르니쿠스의 주장에 반대하는 논법 가운데 하나였다. 즉, 만약 지구가 태양 둘레를 도는 행성이라면 왜 지구만이 달을 가진 유일한 행성인가? 달리 말하면, 어떻게 우주에 두 개의 회전 중심이 있을 수 있는가?

95. 이 문장은 코페르니쿠스 이론에 대한 핵심적인 반대 주장을 완전히 꺾어 놓는다. 지구의 달이 '움직이는 지구'의 둘레를 돌 수 있다는 것을 목성의 달이 증명해 주기 때문이다. 그러나, 이것은 튀코 브라헤의 지구-태양 중심론의 반대 논점으로 사용되었다. Wade L. Robinson, 「Galileo on the Moons of Jupiter」, 《*Annals of Science*》 31호(1974) : 165~169.

96. 원지점apogee과 근지점perigee은 우주에서 지구와 가장 먼 위치와 가장 가까운 위치를 말한다. 갈릴레오는 여기서 이 용어를 말 그대로의 의미로 사용하고 있다.

97. 목성의 위성 궤도가 거의 원이긴 하지만, 엄격히 말하면 타원이다. 타원 천문학은 요하네스 케플러의 저서 『새로운 천문학*Astronomia Nova*』(1906)를 통해 처음 도입되었다.

98. 사실 대기의 굴절은 수직 지름을 수평 지름보다 작게 만든다. 달과 태양이 지평선 근처에서 크게 보이는 것은 광학적인 착시 현상이다.

99. 본문 원서 94쪽~95쪽

100. 앞의 후주 43 참고.

101. 갈릴레오가 보고한 위성들의 밝기 차이는 각 위성들 자체의 밝기 차이라고 할 수 없다. 갈릴레오의 보고에 따르면 위성들은 목성 가까이 있을 때에만 희미해 보인다. 갈릴레오의 망원경 해상도가 약한데다가 근처 목성의 반짝임 때문에 그처럼 희미해 보인 것이 분명하다. (우선 위성들의 밝기가 변하는 것은 위성들의 크기와 반사도가 다르기 때문이다. 이를테면 층의 위치에서도 3번 위성(가나메데 Ganumede)은 4번 위성(칼리스토Callisto)보다 1등급 더 밝다. 또 다른 한 가지 이유는 위성표면에 있는 얼룩 때문이다. 그래서 2번과 4번 위성의 밝기가 변하는 것이다. 다음 책 참고. Bertrand M. Peek, 『*The Planet Jupiter*』(London : Faber & Faber, 1958), 256 : 옮긴이)

맺음말

『시데레우스 눈치우스』에 대한 평가

『시데레우스 눈치우스』는 갈릴레오를 하룻밤 사이에 국제적인 유명 인사로 만들었다. 17세기에는 물론 오늘날처럼 뉴스가 순식간에 퍼져 나가지는 않았다. 그러나 이 책에 대한 소식은 외교 상업적 통로를 통해 놀랄 만큼 빠르게 퍼져 나갔다. 당시 베네치아에서 남부 독일로 편지가 전해지려면 2주쯤 걸렸고, 영국까지는 한 달이 걸렸다. 1610년 봄, 파도바대학교의 수학 교수가 이룬 놀라운 발견을 언급하는 편지가 이런 경로들을 통해 속속 오갔다. 그 결과 갈릴레오의 이름은 빠르게 유럽 지식인들의 입에 오르내리게 되었다. 그러나 놀라운 이 발견의 정확한 내용은 소문의 물결을 따라 정작 이 책이 도착할 때까지는 알려지지 않았다. 책이 도착한 후에야 학자들은 직접 갈릴레오의 주장을 읽어 볼 수 있게 되었고, 그에 대한 평가 작업이 시작되었다.

그러나 일반적인 낮은 배율의 망원경보다 좋은 것을 얻을 수 있는 것은 과학자들 가운데 아주 소수밖에 없었다. 가장 좋은 것이라 해도 갈릴레오가 만든 것에 비해 질이 훨씬 떨어졌다. 질이 좋은 렌즈를 구하기는 매우 어려웠고,[1] 일반적인 배율보다 좋은 렌즈에 대한 수요에 맞추기에는 안경 제조업 자체가 아주 구시대적이었다.[2] 과학자들이 이 발견을 증명하거나 반증하기 위해서는 먼저 적절한 망원경부터 구해야 했는데, 그러기 위해서는 시간이 걸렸다. 따라서 이탈리아는 물론이고 외국에서도 1610년 가을 이전까지는 독자적인 어떤 증명도 없었다. 그러나 갈릴레오의 주장이 시험대에 오르기 전에 전혀 이견이 없었던 것은 아니었다. 발견에 대한 논쟁은 『시데레우스 눈치우스』가 인쇄되자마자 불거져 나왔다.

갈릴레오의 발견은 여러 가지 이유 때문에 논란의 대상이 되었다. 첫째, 망원경의 방법론적인 문제와 인식론적인 문제를 제기했다. 널리 퍼져 있던 아리스토텔레스의 방법론은 아무런 도구 없이 순수한 감각에 의한 정보에서 얻어진 연역과 추론에 근거를 두고 있었다. 16세기에 매우 중요한 연구 분야였던 해부학이나 생리학 같은 학문에서는 아리스토텔레스의 방법론이 바로 이 시대에 막 열매를 맺기 시작했다. 그러나 갈릴레오는 망원경으로 우리 눈에 보이지 않는 현상을 볼 수 있다고 주장했다. 이 주장은 유난히 흥미를 자극했다. 그러나 망원경이 갈릴레오를 속이지 않았다는 것과 이 현상들이 실제로 하늘에 존재한다는 것을 어떻게 확신할 수 있는가?

오늘날의 관점에서 돌이켜 보면, 전통적으로 수학에 부여된 역할에 문제가 있었다. 아리스토텔레스의 과학은 자연에 대한 수학적 접근이 상당히 제한적이었다. 예를 들어 수학은 특정 시각에 행성이 하늘 어디에 있을 거라는 사실을 예측할 수 있었다. 그러나 이것은 우주가 어떻게 만들어졌는가에 대해 아무런 정보도 제공하지 못했다. 그러한 예측을 하기 위해 수학자(당시에는 천문학자를 수학자로 일컬었다)가 사용한 모형은 실재와 무슨 관계가 있는 것으로 여겨지지 않았다. 그건 단순한 도구에 불과했다. 응용수학이라고 할 만한 다른 영역에서도 상황은 비슷했다.

갈릴레오는 수학자로서 생계를 꾸려 갔다. 선배인 코페르니쿠스처럼, 세계가 실제로 만들어진 방법에 대한 진술을 하기 위해[3] 갈릴레오는 전통 학문의 한계를 뛰어넘어 자신의 주제를 넓히려고 노력했다. 갈릴레오의 주장에 따르면, 새로운 이 광학 도구(광학은 수학의 한 분야였다)는 맨눈으로 보이지 않을지라도 실제로 있는 그대로의 우주를 우리에게 보여주었다.

방법론적으로 말해서, 이것은 매우 대담한 주장이었다. 왜냐하면 어떤 광학 이론도 이 도구가 우리의 감각을 속이지 않는다는 것을 증명할 수 없었고, 원리적으로도 광학이 현실과 관계가 있다고 받아들여지지 않았기 때문이다. 이러한 태도는 16세기로 들어서면서 변하고 있었지만, 철학 교수들은 이 영역을 순순히 수학자들에게 내놓으려 하지 않았다.[4]

망원경이 우리의 감각 능력을 신장시키고 눈에 보이지 않던 것을 보이게 한 최초의 과학 도구라는 것을 깨닫는다면, 우리는 이 문제에 대한 중요성을 더 잘 알 수 있다. 오늘날 우리는 이러한 과학 도구를 기꺼이 받아들이고, 사실상 이것이 과학의 아주 중요한 부분이라고 믿고 있지만, 1610년에는 상황이 달랐다. 망원경 사용의 적법성은 논쟁의 대상이었다. 따라서 망원경을 통해 얻은 증거 역시 그러했다. 망원경은 완전히 새로운 정보를 만들어 내는 듯했고, 당시에는 이해되지 않은 어떤 광학 원리 덕분에 그것이 가능한 것으로 보였다. 그때까지 진리로 여겨진 과학 이론들은 새로운 형태의 이 도구와 이것이 제공하는 증거에 자리를 양보해야 했다. 좋은 망원경이 부족했기 때문에 이 과정은 더욱 어렵게 진행되었다. 목성의 여러 위성은 망원경의 성능을 판가름하는 기준이 되었고, 새로운 이 발견에 대한 토론을 지배한 것은 정말 그것들이 존재하는가의 문제였다. 망원경의 성능에 대한 평가는 1611년 봄에 끝났지만, 이것으로 바라본 현상에 대한 존재를 증명할 수 있는 적절한 이론을 제공하는 문제는 17세기의 남은 기간 내내 과학계의 숙제로 남게 되었다.[5]

게다가 새로운 이 도구로 얻은 증거에 따르면, 당시를 지배한 철학이 소중히 여겨 온 우주 개념에 흠집이 났다. 만약 새로운 이 현상들의 존재가 수용된다면, 전통적인 우주론과 철학으로 이 현상들을 이해하는 데 상당한 어려움이 따를 게 분명했던 것이다.

달에도 지구처럼 산과 계곡이 즐비하다는 갈릴레오의 주장을 받아들이면 하늘은 "완벽하다"고 말할 수 없었다. 새로운 이 발견은 코페르니쿠스의 가설이 옳다는 직접적 증거는 아니었다. 당시 지지자의 수가 증가되고는 있었지만 그래도 그 지지세가 아주 빈약했던 코페르니쿠스의 가설은 이 발견들을 훨씬 더 잘 수용할 수 있었다. 말하자면 망원경은 우주관에 대한 두 번째 전쟁을 일으켰고 전투는 갈수록 치열해졌다.

갈릴레오의 새로운 천체 발견에 대한 소식은 『시데레우스 눈치우스』가 발표되기 전에 이미 퍼져 나가기 시작했다. 3월 12일, 갈릴레오가 이 책의 헌정사에 서명하던 날, 알프스 산맥 너머에 있는 아우크스부르크의 은행원 마르크 벨저Marc Welser는 로마의 예수교대학에 있는 선임 수학자 크리스토퍼 클라비우스Christopher Clavius에게 다음과 같은 편지를 보냈다.[6]

> 파도바대학교의 교수 갈릴레오 갈릴레이가 저에게 보낸 편지 내용을 말씀드리지 않을 수 없군요. 그는 몸소 만든 망원경이라는 새로운 도구로, 우리가 아는 한 지금까지 인류에게 전혀 보이지 않은 새로운 4개의 행성과, 전에 우리가 알지도 보지도 못한 수많은 붙박이별과 은하수에 대한 놀라운

사실을 확실히 발견했다고 합니다. 저는 "천천히 믿는 것이 지혜의 원동력" 임을 잘 알고 있기에 아직까지 이에 대해 단정을 내리지 않고 있습니다. 존경하는 신부님께서 이 일에 대한 의견을 은밀히 말씀해 주셨으면 합니다.

이처럼 책이 나오기 전부터 인기가 높았던 『시데레우스 눈치우스』가 마침내 출간되었을 때, 이탈리아는 물론이고 다른 유럽의 지배자들과 종교 지도자들은 휘하의 전문가에게 이 주장에 대한 의견을 물었고, 질문을 받은 사람들은 어떻게 답해야 할지 몰라 쩔쩔맸다. 그의 주장을 받아들인 사람도 있었고, 거부한 사람도 있었는데, 대다수가 판단을 유보했다.

유럽에는 이미 망원경이 넘쳐 나고 있었다. 그러나 불완전한 성능을 가진 일반 망원경으로는 달의 현상을 일부만 관찰할 수 있었을 뿐, 직접 목성의 달을 볼 수는 없었다. 갈릴레오는 곧 이 문제를 깨닫고 자기 책과 함께 성능이 뛰어난 자신의 망원경도 함께 보내서, 온 유럽인이 자기 생각에 동의하도록 설득하기 시작했다.

이미 살펴본 바와 같이, 1609년 가을에 갈릴레오가 피렌체를 방문했을 때, 그는 대공 코시모 2세에게 망원경으로 달의 모습을 보여 주었다. 그리고 『시데레우스 눈치우스』가 발표된 후 1주일도 안 된 1610년 3월, 갈릴레오는 메디치 행성들을 볼 수 있는 망원경을 대공에게(정확히 말하자면, 대공의 비서인 에니아 피콜로미니Enea Piccolomini에게 사용법과 함께)

보내 주었다.[7] 갈릴레오는 목성 관측이 강력한 그의 망원경으로도 쉽지 않다는 것을 알고 있었다. 그러나 메디치가의 후원자들에게 그의 발견이 진실이라는 것을 확신시켜야 한다는 것도 잘 알고 있었다. 이런 문제는 갈릴레오가 직접 망원경 사용법을 설명하고 새로운 현상을 몸소 보여 줘야만 해결할 수 있었다. 그래서 갈릴레오는 부활절에 토스카나를 직접 방문했다.[8] 4월말쯤 그는 자신의 발견이 대공에 의해 직접 증명되었다고 믿게 되었다. 토스카나는 갈릴레오에게 우호적인 지방이었다. 그러나 여기서도 이 발견을 거짓이라고 주장하는 일이 벌어지고 있었다. 3월초, 갈릴레오의 오랜 친구인 라파엘로 구알테로티Raffaello Gualterotti조차도 달의 반점들이 지구의 연기나 안개에 의한 것이라는 설명을 한 편지를 갈릴레오에게 보냈다.[9]

갈릴레오는 책을 쓰느라 바쁜 가운데서도, 언론의 비판을 예의 주시하며 천체 관측을 계속했고 망원경도 계속 만들었다. 1610년 3월까지 만든 수십 개의 망원경 가운데, 겨우 몇 개만이 목성의 달을 볼 만한 성능을 가졌다.[10] 3월 19일에 토스카나 왕실에 쓴 편지에서 그는 자신의 계획을 다음과 같이 설명했다.[11]

> 이 발견의 명성을 유지하고 증가시키기 위해서는 눈에 보이는 현상 자체를 이용해서, 가능한 한 많은 사람들에게 사실을 보여 주고 인식시키는 것이

> 필요하다고 봅니다. 저는 이미 베네치아와 파도바에서 그렇게 했고, 지금도 그렇게 하고 있습니다. 그러나 제가 많은 수고와 비용을 들여 만든 60개 망원경 가운데, 그 모든 현상을 관측할 수 있을 만큼 섬세한 것은 몇 개 되지 않았습니다. 하지만 저는 이 소수의 망원경들을 위대한 왕족들, 특히 대공의 친척들에게 보내고자 합니다. 이미 바바리아 대공과 쾰른 선제후를 비롯해 가장 걸출한 성직자 몬테 추기경도 망원경을 보내 달라고 요청해서, 가능한 한 빨리 논문과 함께 망원경을 보내 드릴 계획입니다. 저는 프랑스, 스페인, 폴란드, 오스트리아, 만토바, 모데나, 우르비노 등 전하를 기쁘게 해 드릴 수 있는 곳이면 어디든 망원경을 보내고자 합니다.

갈릴레오가 과학자들이 아닌 유력자들에게 망원경을 보낸 것은 놀랄 일이 아니다. 여기 언급된 이들은 모두 갈릴레오에게 호의를 지닌 사람들로서 과학 후원자였고, 자신들의 지휘 아래 전문가에게 망원경을 건네주어 공정한 답을 얻을 수 있을 만한 사람들이었기 때문이다.

갈릴레오에게 그다지 호의적이지 못한 사람들 사이에서는 다른 일이 벌어졌다. 4월, 피렌체에서 돌아오는 길에 갈릴레오는 볼로냐에 들렀다. 여기서 그는 경쟁자의 성공에 질투를 한 유명 천문학자인 조반니 안토니오 마기니Giovanni Antonio Magini(1555~1617)를 만났다. 며칠 후 마기니의 젊은 동료이자 보헤미아 출신인 마틴 호키Martin Horky는 프라하

왕실 수학자인 요하네스 케플러에게 다음과 같은 편지를 보냈다.[12]

파도바대학교의 수학자인 갈릴레오 갈릴레이가 목성에 있지도 않은 달 4개를 봤다고 하는 망원경을 가지고 우리를 만나러 볼로냐로 왔습니다. 4월 24일과 25일, 저는 밤낮으로 한숨도 안 자고 온갖 방법을 다 써서 천상과 지상에 대해 갈릴레오의 망원경을 시험했습니다. 그것이 지상에서는 기적처럼 작동했습니다. 그러나 천상에서는 우리를 속였습니다. 왜냐하면 어떤 붙박이별들은 이중으로 보였기 때문입니다. 다음 날 저녁, 저는 큰곰자리의 꼬리에 있는 3개의 별들 가운데, 근처에 있는 작은 별을 갈릴레오의 망원경으로 관측했습니다. 그리고 나는 갈릴레오가 목성을 관측했을 때처럼, 4개의 아주 작은 별을 보게 되었습니다. 가장 뛰어나고 명성이 자자한 박사들, 볼로냐대학교의 학식 있는 수학자 안토니오 로페니Antonio Roffeni, 그리고 갈릴레오와 함께 4월 25일 밤에 하늘을 관측했던 집에서 저와 함께 했던 많은 사람들을 증인으로 들 수 있습니다. 결국 그 망원경이 우리를 속였다는 것을 모두가 알게 되었습니다. 갈릴레오는 침묵하게 되었고, 26일 월요일에는 낙심해서 아침 일찍 마기니 씨 댁을 떠났습니다. 갈릴레오는 자만심이 가득한데다가 거짓된 이야기를 퍼뜨리고 다닌 탓에, 마기니 씨의 친절과 배려에 대한 감사의 말도 남기지 않았습니다. 마기니 씨는 훌륭한 매너로 흔쾌히 그를 접대해 주었는데도 말입니다. 그렇게 갈릴레오는 26일

그의 망원경을 가지고 비참하게 볼로냐를 떠났습니다.

이 편지의 끝에 호키는 (아마 마기니가 읽지 못하도록) 독일어로 다음과 같은 말을 덧붙였다. "저는 아무도 모르게 밀랍으로 소형 망원경의 본을 떴습니다. 신의 도움으로 무사히 집에 돌아가게 되면, 갈릴레오의 망원경보다 더 좋은 망원경을 만들고 싶습니다." 하지만 그 일에 성공했다는 증거는 없다.

호키의 경우는 좀 극단적이라고 해야 할 것이다. 그는 야심이 있고 좀 파렴치한데다가 갈릴레오의 성공을 시샘한 것이 분명하다. 이 사람에 대한 이야기는 잠시 후 다시 살펴보기로 하자. 볼로냐 사람들의 일반적인 반응이 더 중요하기 때문이다. 갈릴레오의 관측 기록에 따르면, 4월 25일에 목성의 달 2개를 보았고, 다음 날 4개의 달을 보았다.[13] 그가 망원경을 가지고 볼로냐에 있었던 것은 분명하지만, 그의 발견에 회의적인 지식인들을 설득하기는 쉽지 않았다.

며칠 후 파도바로 돌아오자마자 갈릴레오는 요하네스 케플러가 보낸 장문의 편지를 받았다. 케플러는 학생 시절부터 공공연하게 코페르니쿠스를 지지한 사람이었다. 그는 지난해에 태양 둘레의 행성들이 타원궤도를 돈다는 것을 증명함으로써 코페르니쿠스의 이론을 더욱 뒷받침하는 『새로운 천문학』이라는 책을 출판했다. 유럽에서 가장 권위 있는 이 천문학자의 반응에 갈릴레오가 관심을 갖는 것은 당연했다. 그래서 그는 토스카나 대사를 통해 프라하에 있는 황제의 궁전으로 『시데레우스 눈치우스』 한 권과 케플러의 회신을 요구하는 편지를 함께 보낸 적이 있었다. 대사는 케플러에게 그 책을 읽게 하고, 갈릴레오의 요구를 전했다. 결국 4월 19일에 케플러가 갈릴레오에게 장문의 편지를 보냈고, 이 편지는 5월초에 『별의 메신저와의 대화*Dissertatio cum Nuncio Sidereo*』라는 제목으로 출판되었다.[14]

케플러는 4개의 새로운 행성에 대한 소문을 들은 경위와, 그것들이 목성의 달이라는 것을 올바르게 추측한 경위를 설명했다. 그는 대사가 『시데레우스 눈치우스』라는 책을 자기에게 전해 주기 전에 이미 황제가 갖고 있던 그 책을 읽었다. 망원경은 이미 프라하에서도 구할 수 있었다. 황제인 루돌프Rudolph 2세는 1610년 초에 그런 종류의 망원경으로 달을 관측한 후 케플러에게 달의 반점에 대한 의견을 물은 적이 있었다.[15] 그러나 프라하에서 가장 좋은 망원경으로도 목성의 위성을 볼 수는 없었기 때문에, 케플러는 이 발견을 그저 믿어야 했다. 다음과 같은 그의 진술은 호키의 말과 예리한 대조를 이룬다.[16]

> 저는 어쩌면 몸소 경험하지도 않고 당신의 주장을 아주 쉽게 믿어 버릴 만큼 경솔한 사람인지도 모릅니다. 하지만 제가 왜 당대에 가장 뛰어난 수학

자를 믿지 못하겠습니까? 그의 글이 진지한 것만 보아도 그것이 사실임을 알 수 있는데 말입니다. 그는 품위 없이 대중을 속이려고 할 의도도 없고, 자기가 못 본 것을 봤다고 우길 리도 없습니다. 감히 많은 사람들이 정말이라고 믿는 이론에 서슴없이 이의를 제기하며, 오히려 침착하게 대중의 조롱을 견디는 것은 그가 진실을 사랑하기 때문입니다.

케플러는 망원경에 대해 논의한 다음(여기서 그는 구면수차를 지적하고 어떻게 그것을 피할 수 있는지 지적한다),[17] 이어서 갈릴레오의 달 관측에 관심을 보였다. 그는 달 표면이 지구와 마찬가지로 평평하지 않고 거칠다는 생각에 반대하지 않았다. 밝은 지역에는 계곡이 흩어져 있는 반면, 맨눈으로도 보이는 커다란 반점은 상대적으로 매끈해 보였기 때문에, 케플러는 플루타르코스가 1500년 전에 주장한대로[18] 달 표면의 밝은 부분은 육지이고 어두운 부분은 바다라고 믿었다. 한 걸음 더 나아가, 케플러는 다음과 같이 썼다.[19]

> 나는 (월면의) 왼쪽 입가라고 내가 부르는 크고 둥근 구멍의 의미에 대해 의구심을 갖지 않을 수 없습니다. 그것은 자연의 작품일까요, 아니면 숙련된 손의 작품일까요? 달에 살아 있는 존재가 있다고 가정해 봅시다. 달에 사는 자가 자기 거주지에 지구의 것보다 훨씬 더 큰 산과 깊은 계곡이 있다

고 생각하는 것은 분명 타당할 것입니다. 매우 큰 몸집을 가진 거주자들이 당연히 아주 큰 건물을 지을 것입니다. 그들의 하루는 우리의 15일만큼이나 길고, 그들은 질식할 듯한 열기를 느낄 것입니다. 어쩌면 그들은 태양을 가릴 은신처를 지을 수 있을 만큼의 돌이 없을지도 모릅니다. 반면에 어쩌면 진흙같이 끈적이는 토양을 가졌을지도 모릅니다. 따라서 그들의 건축 계획은 다음과 같습니다. 큰 들판을 파헤쳐서 그 흙을 둥그렇게 쌓아서, 습기를 아래로 모읍니다. 이런 식으로 쌓은 언덕 뒤에 구멍을 파서 그늘에 숨고, 태양 빛에 따라 이동하는 그늘을 쫓아 이리저리 움직이며 늘 그늘 속에 머뭅니다. 말하자면, 일종의 지하도시를 갖는 것입니다. 그들은 둥글게 쌓아 올린 언덕에 수많은 동굴을 파고 그 속에 집을 짓습니다. 뜨거운 태양 빛 아래에서 오래 걷지 않도록 집 가까이 목장과 밭을 만듭니다.

케플러는 전형적인 화려한 문체로 상상력을 한껏 뽐냈다. 그는 1593년 이후 이런 상상을 즐겼다는 얘기를 했고, 실제로 이런 주제와 관련한 그의 생각이 사후에 『꿈*Somnium*』이라는 책으로 출간되었다.[20] 외계인의 존재에 대한 이야기의 전례는 고대로 거슬러 올라가지만, 케플러의 이런 진술은 다른 행성에 있는 생명체의 존재에 관한 현대적 상상의 출발점이라 하겠다.[21]

갈릴레오는 망원경이 행성이나 별에서 나오는 원래의 빛이 아닌 외래의 빛을 제거한 후 그들의 자연적 크기를 확대하기 때문에, 달 같은 물체를 확대하는 것처럼 별을 확대하지는 못한다고 주장했다. 케플러는 이 현상의 원인이 우리 눈 자체의 굴절 탓이라고 주장하면서 갈릴레오의 설명에 동의하지 않았다. 이 논의보다 더 중요한 사실은, 두 사람이 사람의 눈을 "좋다" 혹은 "나쁘다"고 성능을 이야기할 수 있는 도구처럼 여겼다는 점이다. 당시 그들에게는 사람의 눈 자체도 과학 도구였다.[22] 붙박이별과 행성의 겉모습 차이를 언급하며 케플러는 다시 갈릴레오가 말한 것을 훨씬 뛰어넘는 대담한 결론을 이끌어 냈다.[23]

> 불투명한 행성은 외부에서 빛을 받는 반면, 붙박이별은 내부에서 빛을 만들어 낸다는 것 외에 이 차이로부터 다른 어떤 결론을 이끌어 낼 수 있을까요? 조르다노 브루노의 용어를 빌려 말하자면, 태양이 후자이고, 달이나 지구가 전자라는 것 외에는 어떤 결론도 낼 수 없다는 것밖에는.

생명체의 세계가 무한하다고 주장하여 1600년에 화형 당한 도미니크 수도회의 이단자 조르다노 브루노Giordano Bruno(1548~1600)의 이름을 케플러는 이렇게 두 번째로 언급했다. 케플러는 태양이 무슨 특권을 가진 게 아니며, 태양과 붙박이별 사이에는 차이가 없다고 주장하면서, 우주는 어디나 동일하다고 여러 해 동안 소리 높여 주장해 왔다.[24] 그는 여

기서 다시 자기 주장을 되뇌었다.[25]

붙박이별에 대한 얘기를 끝내기 전에 케플러는 은하수에 관한 갈릴레오의 관측과 결과에 대해 동의한다는 말을 다시 되풀이했다.[26]

> 당신은 은하수와 성운과 나선 모양의 성운에 대한 특성을 나타내어 설명함으로써 천문학자들과 물리학자들에게 은총을 내렸습니다. 오래전에 당신과 같은 결론에 도달한 사람들의 명예를 드높인 것이기도 합니다. 이 성운들은 우리가 눈이 둔감해서 그 빛을 보지 못했던 별들의 무리일 뿐입니다.

케플러는 갈릴레오가 목성의 달을 발견한 것을 격찬했다. 『시데레우스 눈치우스』를 읽기 전, 4개의 새로운 행성이 존재한다는 소문을 처음 들었을 때, 그는 갈릴레오가 어쩌면 붙박이별의 행성을 발견한 것인지도 모른다고 걱정했다. 그렇게 되면 조르다노 브루노의 주장을 뒷받침하게 될 테고, 케플러는 그것이 걱정되었던 것이다.[27] 『시데레우스 눈치우스』를 읽고 난 후 그는 마음을 푹 놓았을 뿐만 아니라 여간 기쁘지 않았다. 누구도 존재할 거라고 생각지 못한 4개의 행성을 발견한 것이 확실했기 때문이다. 이 발견으로 케플러는 "태양 아래 새로운 것은 없다"며 자기만족에 빠져 있는 철학자들과 맞서 과학의 진보를 다시 생각하게 하는 계기가 되었다.[28]

저 또한 그것이 거만한 철학자의 귀를 비틀 만하다고 생각했습니다. 전능하고 선견지명이 있는 인류의 수호자가 소용없는 것을 과연 허락했겠는지, 그리고 왜 노련한 관리인 같은 그가 이 특별한 시점에서 자기 집 안방을 열었겠는지 잘 생각해 보시기 바랍니다. 혹은 창조자인 신이 차츰 성숙해 나가는 어린아이 같은 인류를 어떤 지식의 단계에서 또 다른 단계로 한 걸음씩 인도하고 있는 게 아니겠는지 잘 생각해 보시기 바랍니다(예를 들어, 행성과 붙박이별의 차이를 알지 못했던 시기가 있었습니다. 피타고라스와 파르메니데스가 이른바 '저녁에 보이는 별'과 '새벽에 보이는 별'이 똑같은 별(곧 금성)이라는 것을 인식하기에는 꽤 오랜 시간이 걸렸습니다. 행성들은 모세5경이나 욥기나 시편에 언급되어 있지 않습니다). 거듭 말하지만, 거만한 철학이 좀더 반성하게 합시다. 자연에 대한 지식이 얼마나 멀리 진행되어 왔으며, 얼마나 남았는지, 미래의 인류는 무엇을 기대할지 생각해 보게 합시다.

케플러는 과학의 진보를 이렇게 강조했다(당시로서는 획기적인 발상이었다). 이로써 케플러는 세계의 존재 목적을 부인하는 것처럼 보일지 모르지만, 그가 바란 것은 그게 아니었다. 그는 오히려 목성에 달이 있는 것도 목적이 있음이 분명하다고 주장하고 있다. 그 목적은 "놀랍게 변화하는 다양한 연출"을 볼 수 있는 목성의 주민들을 기쁘게 하기 위한 것

이다.[29]

지구와 달 사이의 거리와 목성과 그 위성들 사이의 거리를 비교한 후 그는 위성들의 목적을 이렇게 일반화했다.[30]

> 결론은 아주 분명합니다. 우리의 달은 다른 천체가 아니라 지구에 있는 우리를 위해 존재합니다. 목성의 위성은 우리를 위해서가 아니라 목성을 위해 존재합니다. 그 거주자들과 더불어 각각의 행성은 자기 위성의 접대를 받습니다. 이러한 이치로 미루어 볼 때, 목성에도 생명체가 존재할 가능성이 매우 높다고 추론할 수 있습니다.

나아가서, 지구가 회전하고 있는 것과 동일한 축을 달이 회전하고 있는 것과 마찬가지로, 목성도 위성들이 회전하고 있는 동일한 축을 중심으로 회전하고 있는 것이 분명하다.[31] 그러나 이런 식의 추리 때문에 케플러는 위험스러울 만큼 인간중심주의를 거부하는 쪽으로 기울었다. 그러나 그는 재빨리 물러서서, 인간이 왜 우주의 모든 생명체 가운데서 가장 존귀한 존재일 수밖에 없는가를 논하는 여러 페이지의 글을 썼다.[32] 케플러는 목성 위성들의 밝기가 왜 변하는가에 대한 자신의 생각을 제시한 후, 갈릴레오에게 중요한 이 관측을 계속해 줄 것을 호소하는 것으로 편지를 끝맺었다.

케플러의 『별의 메신저와의 대화』는 『시데레우스 눈치우스』와는 사뭇 다른 작품이다. 갈릴레오가 관측한 것을 보고하고, 관측 결과에서 조심스런 결론을 이끌어 낸 것과 달리, 케플러는 평소 버릇대로 자유분방하게 상상했고 갈릴레오가 발견한 것의 의미를 폭넓게 해석했다. 케플러는 갈릴레오의 발견을 흔쾌히 받아들였지만, 그의 발언은 갈릴레오에게 크게 도움이 되지는 못했다. 케플러는 그것을 이론적으로 증명할 수도 없었다. 그러나 왕실 수학자로서 명성이 드높은 케플러의 전폭적인 지지는 갈릴레오의 관측에 권위를 부여하는 효과를 냈다. 케플러의 『별의 메신저와의 대화』는 1610년 후반에 피렌체에서 재발행되었다.

한편 고향에서 갈릴레오는 자신의 발견을 방어하느라 여념이 없었다. 그가 발견한 것이 사실이 아니라고 목소리를 높인 사람들을 확신시켰다고 생각한 그는 파도바에서 일반 대중을 위해 세 차례나 강의를 했다.[33] 그는 또한 자신의 발견에 이의를 제기하는 많은 편지를 받았다. 그 모든 편지에 답하는 것은 여간 곤혹스러운 일이 아니었다.[34]

> 그들이 내 발견을 믿지 못하는 이유는 사실 매우 유치하고 경박합니다. 그들은 내가 너무 성급하다는 것입니다. 내가 수십만 개의 별 등을 수십만 번

관찰하며 망원경을 테스트하면서도, 그들이 망원경을 본 적이 없어도 한눈에 알아볼 수 있는 눈속임을 내가 알아차리지 못했을 뿐만 아니라, 내가 모른다는 것을 인정하지도 못한다고 단정 짓는 것입니다. 혹은 그들은 내가 너무 바보 같아서 공연히 내 명성을 위태롭게 했고, 공연히 나의 군주를 웃음거리로 만들었다고 생각합니다. 내가 사용한 망원경은 실물을 있는 그대로 보여 주며, 메디치 행성들은 다른 행성과 같은 행성이며, 언제까지나 그럴 것입니다.

그러나 갈릴레오는 혼자 싸우고 있는 것이 아니었다. 그가 부활절에 토스카나를 방문한 후에 대공 코시모 2세는 이 발견이 진실임을 확신했다. 그는 갈릴레오에게 토스카나 왕실에 자리를 마련해 주기로 결심했다.[35] 메디치 행성은 이제 국가적인 문제가 되었다. 코시모 대공은 프라하와 런던, 파리, 마드리드에 있는 토스카나 왕실 대사들에게 갈릴레오가 책과 망원경을 보낼 거라는 말을 전하고, 좋은 사무실을 이용해서 갈릴레오의 발견을 널리 알리라고 지시했다. 갈릴레오가 망원경을 만드는 데 필요한 모든 비용은 토스카나 왕실에서 지원했다.[36] 이것은 실로 강력한 지원이었다.

6월에 마틴 호키가 쓴 소책자가 모데나에서 출간되었다. 호키는 갈릴레오가 볼로냐를 방문했을 때 함께 있었던 사람이다. 『갈릴레오 갈릴레이가 최근 모든 철학자와 수학자에게 전한 별의 소식에 반대하는 매우 짧은 여행*Brevissima peregrinatio contra nuncium sidereum nuper ad omnes philosophos et mathematicos emissum a Galileo Galilaei*』이란 제목의 이 소책자는 볼로냐대학교의 교수진에게 헌정되었다.

호키는 오로지 목성의 달에만 관심이 있었다. 그는 그 위성들이 실은 존재하지 않기 때문에 갈릴레오가 볼로냐에서 시범을 보이려 했을 때는 볼 수 없었다고 주장했다. 호키의 주장은 그럴 듯했지만, 사실상 그 내용은 갈릴레오에 대한 인신공격에 가까웠다. 예컨대 최근에 출간된 이런 저런 터무니없는 이야기와 비교하면서까지 다음과 같이 갈릴레오를 혹평했다.[37]

> 만약 토마스 나렌한틀러가 원을 정사각형으로 만드는 방법을 안다면, 만약 클라푸스가 현자의 돌을 만드는 방법을 안다면, 만약 케크나젤이 입방체를 2배로 만드는 방법을 알아내서 발표한다면, 갈릴레오의 『별의 메신저』도 목성 근처에 새로운 행성이 있음을 선보이고 증명할 수도 있을 것입니다.

이처럼 공격적인 독설은 그런 말을 믿지 않은 마기니의 분노를 샀다. 마기니는 호키가 모데나에서 돌아오자마자 말 그대로 그를 자기 집에서 쫓아내 버렸다.[38] 케플러도 호키와의 모든 관계를 끊었다.[39] 호키의 자리에는 갈릴레오의 제자인 존 우더번John Wodderburn이 공식 취임했고,[40] 볼로냐대학교의 명성은 철학자 안토니오 로페니Antonio Roffeni(1580~1643)에 의해 회복되었다.[41] 따라서 호키가 사용한 저급한 비난 때문에 『시데레우스 눈치우스』가 제기한 위대한 두 문제—광학과 철학 문제—의 빛이 바래지는 않는다.

5월말, 태양 빛 때문에 목성이 더 이상 보이지 않게 되자,[42] 목성의 달들을 연속적으로 관측한 사람은 갈릴레오밖에 없었다. 갈릴레오가 전에 직접 목성의 달을 보여 준 사람들만 그 위성을 보았을 것이다. 갈릴레오의 진영 밖에 있는 사람들에 의한 독자적인 증명은 아직 나오지 않았다. 갈릴레오는 목성이 다시 나타나 더 긴 관측을 할 수 있을 때까지 『시데레우스 눈치우스』의 개정판 인쇄 계획을 연기했다. 그는 더 좋은 달의 그림을 포함시킬 것과, 출간 직후 제시된 모든 문제와 의문점에 대한 답변을 함께 수록하고 싶어했다.[43] 그러나 그의 뜻대로 되지는 않았다. 다시 말해서 갈릴레오는 『시데레우스 눈치우스』의 개정판을 준비하지 않았다. 다만 1610년 말에 프랑크푸르트에서 질이 썩 좋지 않은 그림을 수록한 불법 복제판이 나왔을 뿐이다.

7월말, 다시 목성이 아침에 보이기 시작했다.[44] 이 달에 갈릴레오는 또 다른 중요한 발견을 했다. 너무 멀리 있었기 때문에 목성에 비해 상이 훨씬 작은 토성이 관측하기 좋은 위치에 나타났던 것이다. 갈릴레오는 그 행성이 목성처럼 단순한 원의 모습이 아니라는 것을 발견하게 되었다. 그는 코시모 대공의 비서에게 다음과 같이 썼다.[45]

> 토성은 하나의 별이 아니라, 맞닿을 듯 서로 가까이 붙어서 자리를 바꾸지도, 모습이 변하지도 않는 3개의 별로 되어 있습니다. 이것들은 황도 위에 있었고, 가운데 있는 것은 옆에 있는 다른 2개보다 3배 더 컸습니다. 이것들은 이런 oOo 형태로 있습니다.

이것은 천문학적 수수께끼의 시작이었다. 토성은 두 개의 동반자를 갖고 있는 것처럼 보였지만 목성의 동반자와는 사뭇 달랐다. 토성의 경우에는 위성들이 매우 컸고, 행성과 거의 붙어 있었다. 그리고 토성에 대해 거의 움직이지 않았다. 당시 갈릴레오의 가장 좋은 망원경으로도 매우 얇은 토성의 테를 보기는 불가능했다(1월 이후 그의 망원경은 더욱 개량되었다). 토성의 모습 때문에 생긴 이 문제는 거의 반세기가 지나서야 비로소 해결되었다.[46]

갈릴레오는 당분간 이 발견을 비밀에 붙여 두었다가 『시데레우스 눈치우스』 개정판에 넣어 발표하고 싶어했다.[47] 그때까지 그는 이 발견에 대해 다음과 같이 암호로 적어 두었다.

"Smaismrmilmepoetaleumibunenugttauiras." 따라서 그는 이것의 정체를 밝히진 못했지만 새로운 발견을 이루었다고 알릴 수 있었고, 다른 사람들이 자기보다 더 일찍 이것을 발견했다고 거짓 주장을 할 가능성을 없앴다. 과학 관련 논문이 없던 시대에는 이것이 자신의 발견에 대한 우선권을 보장하는 매우 효과적인 장치였다. 갈릴레오의 후계자들 역시 이 방법을 사용했다.

갈릴레오는 철자를 바꾸어 암호로 쓴 발표문을 로마대학의 예수회 신부들과 프라하의 케플러 등 여러 사람에게 보냈다.[48] 가장 흥미로운 것은 케플러의 답장이었다. 그는 당연히 갈릴레오가 다른 행성 하나를 발견했다고 생각했다. 지구에 달이 하나 있고, 목성에는 4개의 달이 있기 때문에, 케플러는 화성에도 2개의 달이 있을 거라고 생각했다.[49] 이러한 생각은 18세기의 조너선 스위프트Jonathan Swift 등의 사람들도 받아들인 것이었다.[50] 이 생각은 1877년 아사프 홀Asaph Hall이 갈릴레오의 것보다 수백 배 좋은 망원경으로 화성의 작은 달 2개(포보스와 데이모스)를 발견했을 때 완벽하게 증명되었다.[51]

9월에 갈릴레오는 코시모 대공의 수학자와 철학자로서, 피사대학의 수학 과장이라는 아무런 직무도 없는 새로운 직위를 맡기 위해 피렌체로 왔다.[52] 이사 때문에, 집에 완전히 정착한 11월까지는 아침에 볼 수 있던 목성의 위성을 겨우 12번 관측할 수 있었다.[53] 목성의 위성에 대한 독자적인 증명이 나온 것이 바로 이 무렵이었다. 9월말, 그는 베네치아에 사는 친구 안토니오 산티니의 편지를 받았다. 연속적으로 배열되어 있는 4개의 위성을 아침에 보았다는 편지였다.[54] 이와 비슷한 시기에 프라하에 있는 요하네스 케플러도 이것들을 관측할 수 있었다는 소식을 전해 왔다.[55] 케플러는 그해 초 갈릴레오가 쾰른의 선제후에게 보낸 망원경으로, 8월 30일부터 9월 9일까지 그 위성들을 관측했다.[56] 그는 갈릴레오에게 『목성의 움직이는 동행자 4개를 직접 관측한 요하네스 케플러의 설명*Ioannis Kepleri … Narratio de observatis a se quatuor Iovis satellitibus erronibus*』이란 제목의 소책자를 보냈다.[57]

갈릴레오에게 알려지진 않았지만, 목성의 위성 4개는 10월 27일 아침 영국에서 토머스 해리엇이 관측했고,[58] 11월 24일 아침에는 프랑스의 악상 프로방스에서 조세프 골티에르 드 라 발레뜨Joseph Gaultier de La Valette(1564~1647)와 니콜라스-클로드 파브리 드 페렉Nicolas-Claude Fabri de Peiresc(1580~1638)도 그것을 관측했다.[59] 훨씬 뒤인 1614년에는 독일의 천문학자 시몬 마리우스Simon Marius가 (갈릴레오보다 한 달 앞선) 1609년 12월에 목성의 위성을 발견했고, 1610년 1월 8일부터 관측을 기록하기 시작했다고 주장했다.[60] 이 주장은 거의 4세기 동안 논쟁거리가 되어 왔으나,[61] 우리의 논의와는 상관이 없으므로 여기서는 생략하겠다.

1610년 가을에는 목성에 대한 위성의 존재 증명이 이루어졌는데, 이 증명은 곧 망원경에 대한 증명이기도 했다. 즉, 망원경이 하늘을 볼 때에도 우리를 속이지 않는다는 것을 증명한 것이었다. 망원경은 무시될 수 없었고 천문학을 완전히 탈바꿈시킨 도구가 되었다. 이때 이것을 확인이나 하듯 갈릴레오는 코페르니쿠스의 주장을 직접적으로 지지하는 새롭고 위대한 발견을 발표했다.

코페르니쿠스의 『천체의 회전에 관하여*De Revolutionibus*』* 1권 10장에 나오는 행성의 순서에 대한 논의에 의하면, 분명 금성은 원지점보다는 근지점에서 훨씬 크게 보여야 한다. 그리고 금성이 빌려 온 빛으로 빛난다면, 분명 달처럼 다양한 위상 변화를 보여야 한다.[62] 태양과의 이각이 최대가 되는 점에서 금성은 하늘에서 제일 밝은 물체가 된다. 그러나 이 엄청난 밝기는 17세기 사람인 갈릴레오와 그의 계승자들에게 큰 문젯거리였다. 색수차가 완전히 보정되지 않은 망원경으로 보면 행성은 색깔 있는 줄무늬 빛으로 둘러싸여 뿌연 상을 만든다. 그래서 행성의 진짜 모양을 알아보기가 어려웠다. 갈릴레오가 자신의 망원경으로 첫 발견을 했을 때, 금성은 아침에 보였고 목성은 저녁에 보였다. 분명 금성의 밝기는 최대였고, 초기 망원경이 불완전한 탓에 금성을 제대로 관측하지 못한 것이 분명하다. 그러나 1610년의 '합' 이후 10월에 금성은 저녁에 볼 수 있게 되었다. 갈릴레오는 개량된 망원경으로 작심을 하고 이 행성을 공략했다. 브레시아에 살고 있던 갈릴레오의 옛 제자 베네데토 카스텔리 Benedetto Castelli는 좋은 망원경을 구할 수 없었는데, 12월 5일에 갈릴레오에게 다음과 같은 편지를 보냈다.[63]

> 금성이 태양 둘레를 돈다는 코페르니쿠스의 견해는 분명 올바른 견해입니다(저는 그렇게 믿습니다). 그러니 분명 금성이 때로는 뿔 모양으로, 때로는 그와 달리 보일 것입니다. 금성이 태양에서 같은 거리에 있다고 하더라도 말입니다. 물론 그 뿔이 작거나 빛의 방출이 너무 작아서 그 차이를 관측하지 못할 정도가 아니어야 할 것입니다. 이제 저는 선생님께서 갖고 계신 훌륭한 망원경으로 완고한 그 어떤 사람도 확신시킬 수 있을 만큼 확실한 증거인 그와 같은 겉모습의 변화를 감지할 수 있었는지 알고 싶습니다.

카스텔리가 이 편지를 썼을 때 갈릴레오는 자신의 발견을 발표할 준비가 되어 있었다. 12월초에는 금성의 모습이 작은 반달 모양으로 줄어들었다. 갈릴레오는 금성이 초승달 모양으로 변하면서 더 줄어들 거라고 확신했다.[64] 12월 11일, 갈릴레오는 프라하에 있는 토스카나 공국의 대사 줄리아노 드 메디치Giuliano de' Medici에게 코페르니쿠스의 이론을 지지할 강력한 증거가 될 만한 현상을 관측했다는 편지를 보냈다.[65] 그는 다음과 같이 철자를 바꾸는 암호법을 사용하였다. "Haec immatura a me iam frustra leguntur o y."[66] 그달 말쯤에 갈릴레오는 실제로 금성이 반달의 모양보다 더 줄어들어 초승달 모양이 되는 것을 보고 나서, 비로소 자기 발견을 자신 있게 발표할 수 있었다. 위 암호는 "Cynthiae figuras aemulatur mater amorum", 곧 "사랑의 어머니(금성)는 신티아(달)의 모습을 모방한다"는 뜻이었다.[67] 다시 말하면, 금성은 달처럼 상이 변화한다는 뜻이다. 갈릴레오는 카스텔리에게 그가 본 것을 다음과 같이 묘사했다.[68]

> 그러니까, 약 3개월 전에 망원경으로 금성을 관측했을 때, 나는 아주 작고 동그란 금성을 보았다네. 금성은 날마다 크기가 증가했고, 마침내 태양에서 아주 먼 거리에 이르러 금성의 동쪽 부분이 작아지기 시작하기 전까지는 원형의 모양을 유지했네. 그리고 얼마 안되어 금성은 반원으로 줄어들기 시작했다네. 크기가 증가했지만 오랫동안 그 모양을 유지하더군.
>
> 현재 금성은 낫 모양이 되어 가고 있고, 저녁에 관측되는 한 작은 뿔 모양은 없어질 때까지 점점 더 가늘어지겠지. 그러나 아침에 다시 나타날 때 금성은 다시 가는 뿔 모양이 될 테고, 태양에서 멀어져 감에 따라 점점 부풀어서, 태양에서 가장 멀어졌을 때 다시 반원이 될 걸세. 금성은 며칠 동안 크기가 작아지면서 반원형을 유지한 후에, 그 후 다시 완전한 원으로 변해 가겠지. 여러 달 동안 금성은 아주 작은 크기지만 원형을 유지한 채, 아침에

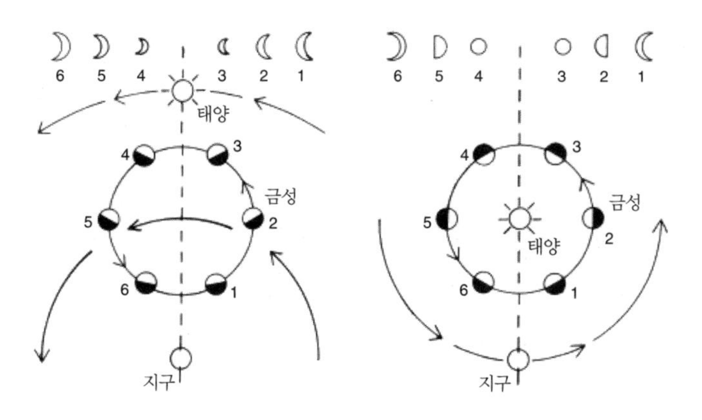

프톨레마이오스의 이론과 코페르니쿠스의 이론에 의해서 예견된 금성의 모습

그리고 그 후 저녁에 보일걸세.

이렇게 상이 변한다는 것은 몇 가지 사실을 입증한다. 첫째, 달처럼 금성도 태양 빛을 반사하며 빛난다는 사실이다. 둘째, 금성은(함축적으로는 수성도) 태양 둘레를 돌고 있다는 것이다. 프톨레마이오스의 우주 체계에서 행성들의 순서는 관습적으로 정해져 있었다. 대부분의 경우 금성이 태양 '아래'에 있었지만, 어떤 경우에는 금성이 태양 '위'에 있는 것으로 묘사되었다.

프톨레마이오스의 우주 체계에서 행성들의 순서가 어떠했든지 간에, 금성은 항상 태양과 지구 사이에 있거나, 아니면 태양 너머에 있어야 한다. 그러나 그림에서 보는 것처럼 그래서는 관측된 상의 변화를 설명할 수 없다. 그러므로 갈릴레오의 관측 결과는 프톨레마이오스의 이론에 문제가 있다는 것을 증명한다. 갈릴레오의 관측 결과를 설명하려면 다음 방법밖에 없었다. 즉, 모든 행성이 지구 둘레를 돌고 있지만, 금성과 수성만 태양 둘레를 돈다고 약간 변형시킨 프톨레마이오스의 이론을 따르거나, 모든 행성이 태양 둘레를 돌지만, 태양과 달은 지구 둘레를 돌고 있다는 튀코 브라헤의 이론을 따르거나, 아니면 코페르니쿠스의 이론을 따라야 했다. 이러한 금성의 상 변화 관측으로 인해 갈릴레오는 코페르니쿠스 체계에 더욱 확신을 갖게 되었다.

1610년 말에 망원경은 무시될 수 없는 관측 도구로 자리를 잡았다. 목성의 위성도 이제 여러 독자적인 관측자들에 의해 존재가 증명되었고, 케플러도 그 위성들의 관측에 대한 소책자 『목성의 움직이는 동행자 4개를 직접 관측한 요하네스 케플러의 설명』을 발간했다. 로마대학의 수학과장이던 클라비우스 신부도 갈릴레오에게 동의하는 편지를 보냈다. 맨눈으로 볼 수 없었던 많은 별을 보았고, 목성 둘레를 도는 물체는 그 행성의 위성이라는 것에 동의하며, 토성은 원형이 아니고 타원형이라는 것을 알게 되었다는 편지였다.[69] 당시 천문학의 주류에서 나온 이런 평결은 갈릴레오의 손을 들어주었다.[70] 이제 갈릴레오가 망원경이라는 새로운 도구의 수용을 위한 전쟁에서 승리를 거둔 것이 분명했다. 그는 몇 달 후 로마에서 최종 승리를 거두었다. 그는 여러 달 동안 그 도시를 방문하고 싫어했지만,[71] 건강이 나빠져서 1611년 3월말에야 비로소 방문할 수 있었다. 이 '영원한 도시'를 방문한 것은 승리를 축하하기 위해서였는데, 이때 두 가지 특별한 일이 있었다.

새로운 도구와 그로 인한 발견의 소식이 교회 지도자들에게도 알려진 것은 물론이었다. 아리스토텔레스의 철학과 기독교 교리는 서로 밀접하게 연관되어 있었기 때문에, 종교적 권위를 염려하는 사람들에게 이 발견의 의미는 매우 컸다. 1611년 3월 19일, 갈릴레오가 로마를 방문하기 직전에 로마대학의 학장 로베르트 벨라르미네Robert Bellarmine, S. J.(1542~1621) 추기경은 동료 신부 수학자들에게 다음과 같은 편지를 보냈다.[72]

> 존경하는 신부님들께서는 한 저명한 수학자가 망원경이라고 불리는 도구로 관측한 천문학적 발견들에 대한 소식을 이미 들으셨으리라 믿습니다. 저도 똑같은 도구로 달과 금성에 관한 신기한 것들을 보았습니다. 그러므로 저는 여러분께서 아래에 열거된 것에 대해 솔직한 의견을 피력해 주시길 부탁드립니다.
>
> 1. 맨눈으로는 볼 수 없는 별들의 무리를 확인할 수 있는가. 특히 은하수와 성운들은 아주 작은 별들의 집단인가.
> 2. 토성이 하나의 별이 아니라 3개의 별로 이루어진 것인가.

3. 달이 차고 기우는 것처럼, 금성도 상이 변하는가.

4. 달 표면이 고르지 않고 거친가.

5. 목성 둘레를 돌고 있다는 4개의 별들이 실제로 빠르면서도 각기 다른 운동을 하고 있는가.

저는 여러 가지 다른 의견을 들었기 때문에 이 문제들을 확실히 알고 싶으며, 신부님들께서는 수학에 정통하신 과학자들이시니 이 발견들이 제대로 정립된 것인지, 아니면 단순히 그럴듯하게 보일 뿐 사실이 아닌지 잘 설명해 주시리라 믿습니다.

닷새 후 클라비우스Clavius, 그린베르거Grienberger, 렘보Lembo, 맬코테Maelcote 등 4명의 신부가 다음과 같은 답신을 보냈다.[73]

첫 번째 질문에 대해 말씀드리면, 망원경으로 게자리 성운과 플레이아데스에서 정말 수많은 아름다운 별들을 볼 수 있다는 것이 사실입니다. 그러나 은하수 전체가 작은 별들로 이루어졌는지는 확실치 않습니다. 은하수에 작은 별들이 많은 것은 부인할 수 없는 사실이지만, 밀도가 높은 부분이 연속되어 있을 확률이 더 높습니다. 물론 게자리 성운과 플레이아데스에 나타나 있는 것으로 미루어 볼 때, 은하수에도 너무 작아서 구별이 안 되는 수많은 별들이 존재한다고 추론할 수는 있습니다.

두 번째 질문에 대해 말씀드리면, 저희도 토성이 목성이나 화성처럼 원형이 아니고 이렇게 타원형 oOo으로 보이는 것을 관측하였습니다. 그러나 가운데 있는 별에서 충분히 떨어져 있어서 확연히 다른 별이라고 말할 수 있는 2개의 작은 별을 보진 못했습니다.

세 번째 질문에 대해 말씀드리면, 금성이 달처럼 차고 기운다는 것은 사실입니다. 금성이 저녁에 나타났을 때에는 거의 보름달과 같은 형태였다가, 항상 태양 쪽을 향해서 빛을 받고 있는 부분이 시간이 지나감에 따라 점점 줄어들어 뿔 모양으로 되어 가는 것을 저희도 관측했습니다. 한편 금성이 '합'을 지나 새벽에 나타났을 때에는, 태양을 향한 면이 뿔 모양인 것을 관측했습니다. 그리고 이어서 빛을 받는 부분은 점점 증가하는 한편, 빛의 변화에 따라 겉보기 지름이 감소하는 것을 관측했습니다.

네 번째 질문에 대해 말씀드리면, 달의 표면이 고르지 않음을 부정할 수 없습니다. 그러나 클라비우스 신부는 달의 표면이 고르지 않은 게 아니라, 달 표면의 밀도가 고르지 않아서 어느 부분은 밀도가 높고 어느 부분은 밀도가 낮기 때문에, 겉보기에 반점처럼 보이는 것 같다고 합니다. 다른 사람들은 달 표면이 정말로 고르지 않다고 생각하지만, 아직까지는 이것을 확실히 확인할 수 있을 만큼 분명하지 않습니다.

다섯 번째의 질문에 대해 말씀드리면, 실제로 목성 주위에는 4개의 별이 매우 빠르게 움직이고 있습니다. 어느 때에는 모두 동쪽에 있기도 하고, 어느 때에는 모두 서쪽에 있기도 하며, 또 어느 때에는 동쪽이나 서쪽으로 움직이기도 합니다. 그러나 분명한 것은 이들이 모두 거의 일직선상에 있다는 것입니다. 이것들은 붙박이별일 수 없습니다. 왜냐하면 이것들은 빠르게 움직이고 있고, 이러한 움직임은 다른 붙박이별들과 매우 다르기 때문입니다. 그리고 이것들은 목성에서의 거리와 각자의 거리가 계속 변화합니다.

달에 관한 클라비우스의 의견에서 볼 수 있듯이, 수학자들은 갈릴레오의 해석에 모두 동의하지는 않았다. 그러나 당장 급했던 문제는 벨라르미네가 제안한 이 발견들이 진짜인가 아닌가 하는 것이었다. 다시 말하면, 망원경은 있는 그대로 사물을 나타내는가, 아니면 우리의 감각을 속이는가 하는 것이었다. 수학자들의 반응은 만장일치였다. 즉, 이 발견이 사실 그대로이며, 망원경이 우리를 속이지 않는다는 것이었다. 따라서 의심할 여지가 없는 증인으로서 정통성을 지니고 있는 가톨릭 교회의 전문가들이 망원경을 순수한 과학 도구로 인정한 셈이다. 맬코테가 갈릴레오의 발견에 동의한다는 연설을 할 때, 수학자들은 로마대학에서 갈릴레오를 칭찬하기까지 하였다.[74]

로마에 머무는 동안 갈릴레오는 자기가 발견한 것을 영향력 있는 많은 사람들에게 망원경으로 직접 보여 주었다. 이때 그를 위해 여러 차례 축하 모임이 열렸다. 이런 모임 가운데 하나는 링크스-아이드 아카데미

Accademia dei Lyncei**라는 과학 학술원의 설립자인 몬티첼로Monticello의 후작 페데리코 체시Federico Cesi(1585~1630)가 주최한 것이었다. 1611년 이 학술원의 회원은 5명이었다. 4월 14일에 갈릴레오를 기념하는 축하연에서 갈릴레오는 이 학술원의 여섯 번째 회원이 되었다.[75] 이 연회에서 마침내 갈릴레오의 도구에 '망원경telescopium'이라는 이름이 붙게 되었다. 이 단어는 아마도 그리스 출신의 시인이며 신학자인 존 데스미아니John Desmiani(?~1619)가 창안해 낸 것 같다.[76]

갈릴레오의 로마 방문으로 새로운 도구에 대한 논쟁은 막을 내렸고, 이 도구로 발견한 현상들이 사실인가에 대한 논쟁도 막을 내렸다. 어떤 사람들은 여전히 새로운 이 도구의 수용을 반대했지만, 그런 사람들의 수는 빠르게 줄어들었다. 도구로서의 망원경이 유용하다는 것은 이제 충분히 증명되었다. 그러므로 이제는 망원경으로 발견한 현상의 해석이 다시 논쟁거리가 되었다. 로마에 있는 동안 갈릴레오는 여러 관측자에게 태양 흑점을 보여 주었고, 1612년에는 독일인 예수회 신부 크리스토프 샤이너Christoph Scheiner(1573~1650)와 흑점의 특성에 관한 논쟁을 벌이기도 했다. 태양은 완벽하다는 사실을 옹호하기 위해, 샤이너는 이 흑점이 태양에 있는 것이 아니라 위성들의 무리에 의해 생기는 거라고 주장했다. 1610년까지 논란이 되었던 위성들의 존재가 1612년에는 진부한 사실이 되었다.

갈릴레오의 시련은 1611년에도 끝나지 않았다. 이제 망원경은 과학 도구로 완전히 수용되었고, 망원경을 통한 발견은 결코 무시될 수 없었다. 이 발견의 함축 의미를 알아내는 일은 여간 절박하지 않았다. 망원경의 발명으로 인해 천동설과 지동설의 대결은 돌이킬 수 없도록 달라졌다. 이 도구 때문에 과학자들은 가장 근본적인 철학적, 우주론적 가정들을 재고하지 않을 수 없었다. 케케묵은 지구 중심의 우주론을 완강하게 고수한 사람들도 큰 영향을 받았다. 훗날 태양 중심의 우주론을 주장하는 진영이 최종 승리를 거두었지만, 그 전투는 치열했고, 갈릴레오는 그 누구보다 유명한 피해자가 되었다.

*옮긴이 주 : 이 책의 일부가 『천체의 회전에 관하여』(민영기 외 옮김, 과학 고전시리즈 4, 서해문집, 1998)라는 제목의 우리말로 번역 출간되었다.

**옮긴이 주 : 앨버트 반 헬덴은 이 아카데미의 이름을 'Academy of Lynx-eyed'라고 옮겼는데, '링크스Lynx'는 원래 '살쾡이'를 의미하며, '링크스-아이드Lynx-eyed'는 "(살쾡이처럼) 눈이 날카로운"이라는 뜻이다.

1. Olaf Pedersen, 「Sagredo's Optical Researches」, 《*Centaurus*》 13호(1968): 139~150; Silvio Bedini, 「The Makers of Galileo's Scientific Instruments」, 『*Atti del Simposio Internazionale di Storia, Metodologia, Logica e Filosofia Della Scienza* "*Galileo nella*

Storia e nella filosofia della scienza"』, 4권(Florence: G. Barbera, 1967), 2(part 5): 89~115.

2. A. O. Prickard, 「The Mundus Jovialis of Simon Marius」, 《*Observatory*》 39호(1916): 370~371; Girolamo Sirturi, 『*Telescopium: Sive ars Perficiendi*』(Frankfurt, 1618), 22~30.
3. Robert S. Westman, 「The Astronomer's Role in the Sixteenth Century: A Preliminary Study」, 《*History of Science*》 18호(1980): 105~147.
4. 파도바대학교에 있는 갈릴레오의 친구이자 동료인 유명 철학자 체사레 크레모니니 Cesare Cremonini는 망원경으로 할 수 있는 어떠한 것도 원치 않았다. 1611년 5월 6일, 파올로 구알도Paolo Gualdo는 파도바에서 피렌체에 있는 갈릴레오에게 크레모니니가 갈릴레오의 결과를 비웃었으며, 이것을 진실이라고 주장한 것에 매우 놀랐다는 편지를 보냈다(『*Opere*』 11:100).
5. 1681년까지 영국의 천문학자 존 플램스티드John Flamsteed는 아직도 렌즈와 그 조합이 우리의 감각을 속이지 않는다는 것을 렌즈 체계 분석에 의해 증명해야 한다고 주장했다. 『*The Gresham Lectures of John Flamsteed*』, Eric G. Forbes 편집(London: Mansell, 1975), 189.
6. 『*Opere*』 10:288.
7. 같은 책, 299~300쪽.
8. 같은 책, 289, 302~303쪽.
9. 같은 책, 284~286쪽.
10. 같은 책, 298, 302쪽.
11. 같은 책, 301쪽.
12. 같은 책, 343쪽.
13. 같은 책, 3:436.
14. 같은 책, 97~126쪽; 로즌, 『*Kepler's Conversation with Galileo's Sidereal Messenger*』(New York: Johnson Reprint Corp., 1965).
15. 로즌, 『*Kepler's Conversation*』, 13.
16. 같은 책, 12~13쪽.

17. 해설 29번 후주 참고. 케플러는 여기서 결함을 보완하기 위해 쌍곡선의 곡률을 사용하라고 권하고 있다. Rosen, 『*Kepler's Conversation*』, 19~20쪽.
18. 같은 책, 26~27쪽.
19. 같은 책, 27~28쪽.
20. 『*Somnium, seu Opus Posthumum de Astronomia Lunari*(1634)』, reprinted in C. Frisch, ed., 『*Joannis Kepleri astronomi opera omnia*』, 8권(Frankfurt and Erlangen, 1858~1871), 8권. 이 책의 완전한 영어 번역본은 두 개가 더 있다. John Lear, 『*Kepler's Dream*』(Berkeley: University of California Press, 1965); Edward Rosen, 『*Kepler's Somnium*』(Madison: University of Wisconsin Press, 1967).
21. 외계인의 개념에 관한 역사에 대해서는 다음의 책들 참고. Steven J. Dick, 『*Plurality of Worlds: The Origins of the Extraterrestrial Life Debate from Democritus to Kant*』(Cambridge: Cambridge University Press, 1982); Michael J. Crowe, 『*The Extraterrestrial Life Debate, 1750~1900*』(Cambridge: Cambridge University Press, 1986).
22. Harold I. Brown, 「Galileo on the Telescope and the Eye」, 《*Journal for the History of Idea*》 46호(1985): 487~501, 499~501.
23. 로즌, 『*Kepler's Conversation*』, 34.
24. 케플러, 『*De Stella Nova in Pede Serpentarii*(1606)』, 『*Johannes Kepler Gesammelte Werke*』, 1~10권, 13~19(Munich: C. H. Beck, 1937~), 1:234; Alexandre Koyré, 『*From the Closed World to the Infinite Universe*』(Baltimore: Johns Hopkins University Press, 1957; New York: Harper & Row, 1958), 58~76; 와 앨버트 반 헬덴, 『*Measuring the Universe: Cosmic Dimensions from Aristarchus to Halley*』(Chicago: University of Chicago Press, 1985), 63.
25. 로즌의 『*Kepler's Conversation*』, 34~36.
26. 같은 책, 36쪽. 번역을 약간 수정 인용.
27. 같은 책, 36~39쪽.

28. 같은 책, 40쪽.

29. 같은 책.

30. 같은 책, 42쪽.

31. 같은 책.

32. 같은 책, 43~46쪽.

33. 『*Opere*』 10:349.

34. 같은 책, 357쪽.

35. 같은 책, 350~353, 355~356쪽.

36. 같은 책, 356쪽.

37. 같은 책, 3:139. '원을 정사각형으로 만들기(곧, 원주와 지름과의 관계 찾기)'와 '입방체를 2배로 만들기(곧, 주어진 정육면체 부피의 2배가 되는 정육면체 만들기)'는 고대부터 수학자들 사이에 전해 내려온 해결 불가능한 문제이다. '현자의 돌을 찾기'는 기독교 시대 이래로 연금술사들이 추구해 온 목표였다. 토마스 나렌한틀러Thomas Narrenhandler, 클라푸스Klappus, 케크나젤Keknasel은 모두 가상 인물이다.

38. 『Opere』, 10:375~376.

39. 같은 책, 414~417, 419쪽.

40. 『*Quatuor problematum quae Martinus Horky contra Nuntium Sidereum de quatuor planetis novis disputanda proposuit*』(Padua, 1610). 『*Opere*』 참고, 3:147~178.

41. 『*Epistola apologetica contra caecam peregrinationem cuiusdam furiosi Martini, cognomine Horkij editam adversus nuntium sidereum*』(Bologna, 1610). 『*Opere*』 참고, 3:191~200.

42. 갈릴레오는 1610년 5월 21일 '합'이 있기 전에 그의 마지막 관측을 기록에 남겼다. 『*Opere*』 3:437.

43. 같은 책, 10:373.

44. 갈릴레오는 7월 25일에 이 위성들을 처음 관측했다. 『*Opere*』, 3:439.

45. 같은 책, 10:410.

46. 앨버트 반 헬덴, 「Saturn and His Anses」, 《*Journal for the History of Astronomy*》 5호(1974): 105~121; 「'Annulo Cingitur': The Solution of the Problem of Saturn」, 같은 책 5호(1974): 155~174.
47. 『*Opere*』, 10:410.
48. 같은 책, 19:611.
49. 같은 책, 3:185.
50. 『걸리버 여행기』의 제3부인 "라푸타로의 여행"에서 걸리버는 라푸타의 천문학자들이 사용하는 망원경을 보고 놀란다. "그들은 1만 개의 항성에 대한 목록을 만들었는데, 우리가 갖고 있는 것 가운데 가장 큰 것조차 그 숫자의 1/3도 되지 못한다. 그들은 화성을 돌고 있는 2개의 작은 별, 곧 '위성'이라는 것을 발견했다. 안쪽 위성은 화성 중심에서 그 지름의 3배만큼 떨어진 곳에 있고, 바깥 위성은 5배 떨어진 곳에 있었다. 안쪽 위성은 주기가 10시간이고, 바깥 위성은 주기가 21시간 30분이었다. 이들의 주기를 제곱한 값은 화성의 중심에서 행성 중심까지 거리의 세제곱과 거의 같은데, 이것은 다른 천체에도 영향을 미치고 있는 중력의 법칙에 의해 지배되고 있음을 나타내는 것이다. 『*The Prose Works of Jonathan Swift*』, Herbert Davis 편집, 14권(Oxford: Basil Blackwell, 1939~1968), 11권: 『*Gulliver's Travels*』, 154~155.
51. Owen Gingerich, 「The Satellites of Mars: Prediction and Discovery」, 《*Journal for the History of Astronomy*》 1호(1970): 109~115.
52. 『*Opere*』, 10: 400, 429.
53. 같은 책, 3:439.
54. 같은 책, 10:435, 437.
55. 같은 책, 436, 439~440.
56. 같은 책, 3:184~187.
57. 같은 책, 181~190쪽. 이 책자의 발행일에 대해서는 약간의 착오가 있다. 제목이 적힌 페이지는 1611년을 의미하지만, 케플러는 이것을 1610년 10월 25일자의 편지와 함께 이 책을 갈릴레오에게 보냈다(『*Opere*』, 10:457). 다음 책 참고. Max Caspar,

『*Bibliographia Kepleriana*』(Munich: C. H. Beck, 1936), 60; 재판(Munich: C. H. Beck, 1968), 52~53. 이 소책자의 재판은 피렌체에서는 1611년에 발행되었다.

58. Harriot Papers, Petworth MSS HMC 241/4, f. 3. 해리엇의 날짜는 율리우스력이라는 점에 주의할 것. John Roche, 「Harriot, Galileo, and Jupiter's Satellites」, 《*Archives internationales d'historie des sciences*》 32호(1982): 9~51.

59. Pierre Humbert, 「Joseph Gaultier de La Valette, astronome provencal(1564~1647)」, 『*Revue d'histoire des sciences et de leurs applications 1*』(1948): 316.

60. Simon Marius, 『*Mundus Iovialis*』(Nuremberg, 1614); 다음 참고. 「The 'Mundus Jovialis' of Simon Marius」, A. O. Prickard 번역, 《*Observatory*》 39호(1916): 371~372. 마리우스의 날짜는 율리우스력이라는 점 주의.

61. 다음 책 참고. Joseph Klug, 「Simon Marius aus Gunzenhausen und Galileo Galilei」, 『*Abhandlungen der II. Klasse der Königliche Akademie der Wissenschaften*』, 22:385~526; J. A. C. Oudemans and J. Bosscha, 「Galiée et Marius」, 『*Archives Néerlandaises des Sciences Exactes et Naturelles, publiées par la Société hollandaise des Sciences*』, series 2(1903), 8:115~189. J. Bosscha, 「Simon Marius, réhabilitation d'un astronome calomnié」, 같은 책(1907), 12:258~307, 490~527.

62. 『*Copernicus: On the Revolutions of the Heavenly Spheres*』, A. M. Duncan 번역(Newton Abbot: David & Charles; New York: Barnes & Noble, 1976), 47~48. 금성의 상 변화에 대한 초기 추측에 대해서는 다음 책 참고. Roger Ariew, 「The Phases of Venus before 1610」, 《*Studies in the History and Philosophy of Sciences*》 18호(1987): 81~92.

63. 『*Opere*』, 10:481~482.

64. 리처드 웨스트폴Richard S. Westfall은 이렇게 주장했다. 12월에 카스텔리가 금성에 대해 말해서 그의 관심을 끌기 전까지 갈릴레오는 사실상 금성을 관측하지 않았다고 한다. 다음 참고. 「Science and Patronage: Galileo and the Telescope」, 《*Isis*》 76호

(1985): 11~30. 웨스트폴의 주장에 대한 답변으로는 다음 자료 참고. 스틸먼 드레이크, 「Galileo, Kepler, and the Phases of Venus」, 《*Journal for the History of Astronomy*》 15호(1984): 198~208; Owen Gingerich, 「Phases of Venus in 1610」, 같은 책, 209~210; William T. Peters, 「The Appearances of Venus and Mars in 1610」, 같은 책, 211~214.

65. 『*Opere*』, 10:483.

66. 이 문장은 다음과 같이 해석될 수도 있다: "나는 헛되이 이 시기상조의 일들을 끌어들였다."

67. 『*Opere*』, 11:12.

68. 같은 책, 10:503.

69. 같은 책, 484~485쪽.

70. 클라비우스도 처음에는 갈릴레오의 발견에 매우 회의적이었다. 갈릴레오의 친구인 로도비코 카르디 다 치골리Lodovico Cardi da Cigoli가 로마에서 보낸 1610년 10월 1일자 편지에는 다음과 같은 이야기가 실려 있다. "내 친구들 가운데 한 명에게 듣자 하니, 클라비우스는 이른바 목성을 돌고 있는 4개의 별들에 대해서는 코웃음을 쳤다더군. 그는 그 별들을 보여 줄 수 있는 망원경을 만드는 것이 우선이긴 하지만, 그것은 어디까지나 갈릴레오의 의견일 뿐이고, 자기는 그 의견에 동의하지 않는다고 분명히 말했다네." 『*Opere*』, 10:442.

71. 『*Opere*』, 10:432.

72. 같은 책, 11:87~88; James Broderick, 『*Robert Bellarmine: Saint and Scholar*』 (Westminster, MD: Newman Press, 1961), 343.

73. 『*Opere*』, 11:92~93.

74. 같은 책, 3:291~298.

75. 에드워드 로즌, 『*The Naming of the Telescope*』(New York: Henry Schuman, 1947). 로즌은 이 학술원의 회원 숫자를 잘못 계산했다.

76. 같은 책, 도처에 언급.

참고 문헌

Adams, C. W. "A Note on Galileo's Determination of the Height of Lunar Mountains." *Isis* 17 (1932) : 427~429.

Ambassades du Roy de Siam envoyé à l'Excellence du Prince Maurice arrivé à la Haye le 10. Septemb. 1608. The Hague, 1608. Reprinted in Stillman Drake, *The Unsung Journalist and the Origin of the Telescope.* Los Angeles : Zeitlin & Ver Brugge, 1976.

Ariew, Roger. "Galileo's Lunar Observations in the Context of Medieval Lunar Theory." *Studies in the History and Philosophy of Science* 15 (1984) : 213~226.

___________. "The Phases of Venus before 1610." *Studies in the History and Philosophy of Science* 18 (1987) : 81~92.

Bacon, Roger. *The Opus Maius of Roger Bacon.* Translated by Robert Belle Burke. 2 vols. Philadelphia : University of Pennsylvania Press, 1928.

Bedini, Silvio A. "The Makers of Galileo's Instruments." In *Atti del simposio internazionale di storia, metodologia, logica, e filosofia della scienza* "Galileo nella storia e nella filosofia della scienza." 4 vols. 2 (part 5): 89~115. Florence: G. Barbera, 1967.

Bloom, Terrie. "Borrowed Perceptions: Harriot's Maps of the Moon." *Journal for the History of Astronomy* 9 (1978): 117~122.

Blumenberg, Hans. *Galileo Galilei Sidereus Nuncius Nachricht von neuen Sternen. Dialog uber die Weltsysteme (Auswahl). Vermessung der Holle Dantes. Marginalien zu Tasso. Herausgegeben und eingeleitet von Hans Blumenberg.* Frankfurt am Main: Insel Verlag, 1965. *Sidereus Nuncius*(pp. 79~131) is translated by Malte Hossenfelder.

Bonelli, Maria Luisa Righini, and William Shea, eds. *Reason, Experiment, and Mysticism in the Scientific Revolution.* New York: Science History Publications, 1975.

Bosscha, J. "Simon Marius, réhabilitation d'un Astronome Calomnié." *Archives Néerlandaises des Sciences Exactes et Naturelles,* series 2, 12 (1907): 258~307, 490~527.

Bosscha, J., and J. A. C. Oudemans. "Galilée et Marius." *Archives* Néerlandaises *des Sciences Exactes et Naturelles,* series 2, 8 (1903): 115~189.

Broderick, James. *Robert Bellarmine: Saint and Scholar.* Westminster, MD: Newman Press, 1961.

Brown, Harold I. "Galileo on the Telescope and the Eye." *Journal for the History of Ideas 46* (1985): 487~501.

Busnelli, Manlio Duilio. "Un Carteggio Inedito di Fra Paolo Sarpi con l'Ugonotto Francesco Castrino." *Atti del Reale Istituto Veneto di Scienze, Lettere ed Arti* 87, part 2(1927~1928): 1025~1163.

_____________. ed. *Fra Paolo Sarpi, Lettere ai Protestanti.* 2 vols. Bari: Gius. Laterza & Figli, 1931.

Cajori, Florian. "History of Determinations of the Heights of Mountains," *Isis* 12 (1929): 482~514.

Campani, Giuseppe. *Ragguaglio di due Nuove Osservazioni.* Rome, 1664.

Cardini, Maria Timpanaro. *Galileo Galilei Sidereus Nuncius. Traduzione con Testo a Fronte e Note di Maria Timpanaro Cardini.* Florence: Sansoni, 1948.

Carlos, Edward Stafford. *The Sidereal Messenger of Galileo Galilei and a Part of Kepler's Dioptrics containing the original account of Galileo's astronomical discoveries. A translation with introduction and notes by Edward Stafford Carlos.* London, 1880. Reprinted, London: Dawsons of Pall Mall, 1960.

Caspar, Max. *Bibliographia Kepleriana.* Munich: C. H. Beck, 1936. 2nd ed. edited by Martha List. Munich: C. H. Beck, 1968.

Castelet, Abbé de. Tinelis, Alexandre.

Chapin, Seymour L. "The Astronomical Activities of Nicolas Claude Fabri de Peiresc." *Isis* 48 (1957): 13~29.

Chitt, José Fernandes. *El Mensajero de los Astros.* Translated by José Fernandes Chitt. Introduction by José Babini. Buenos Aires: Editorial

Universitaria de Buenos Aires, 1964.

Clavius, Christophorus. *In Sphaeram Ioannis de Sacro Bosco Commentarius.* Rome, 1570.

Copernicus, Nicholas. *Copernicus: On the Revolutions of the Heavenly Spheres.* Translated by A. M. Duncan. Newton Abbot: David & Charles; New York: Barnes & Noble, 1976.

__________. *Nicholas Copernicus on the Revolutions.* Translated by Edward Rosen. Vol. 2, *Nicholas Copernicus Complete Works.* Warsaw and Cracow: Polish Scientific Publishers; London: Macmillan, 1972~1985. Published separately, Baltimore: Johns Hopkins University Press, 1978.

Crowe, Michaels J. *The Extraterrestrial Life Debate,* 1750~1900. Cambridge and New York: Cambridge University Press, 1986.

Da Vinci, Leonardo. *Codex Leicester-Hammer.* Roberts, Jane.

Dick, Steven J. *Plurality of Worlds: The Origins of the Extraterrestrial Life Debate from Democritus to Kant.* Cambridge and New York: Cambridge University Press, 1982.

Drake, Stillman. *Discoveries and Opinions of Galileo, translated with an introduction and notes by Stillman Drake.* Garden City, NY: Doubleday & Co., 1957.

__________. "Galileo, Kepler, and the Phases of Venus." *Journal for the History of Astronomy* 15 (1984): 198~208.

__________. *Galileo at Work: His Scientific Biography.* Chicago: University of Chicago Press, 1978.

______________. "Galileo's First Telescopic Observations." *Journal for the History of Astronomy* 7 (1976): 153~168.

____________. "Galileo's Steps to Full Copernicanism and Back." *Studies in the History and Philosophy of Science* 18 (1987): 93~105.

___________. "The Starry Messenger", *Isis* 49 (1958): 346~347.

____________. *Telescopes, Tides, and Tactics.* Chicago: University of Chicago Press, 1983.

_____________. *The Unsung Journalist and the Origin of the Telescope.* Los Angeles: Zeitlin & Ver Brugge, 1976.

Drake, Stillman, and C. D. O'Malley, eds., trans. *The Controversy on the Comets of 1618.* Philadelphia: University of Pennsylvania Press, 1960.

Favaro, Antonio. *Galileo Galilei e lo Studio di Padova.* 2 vols. Padua, 1883. 2d ed., Padua: Antenore, 1966.

_____________. ed. *Le Opere di Galileo Galilei.* Edizione Nazionale. 20 vols. Florence: G. Barbera, 1890~1909; reprinted 1929~1939, 1964~1966.

Flamsteed, John. *The Gresham Lectures of John Flamsteed.* Edited by Eric G. Forbes. London: Mansell, 1975.

Galilei, Galileo. *Dialogue concerning the Two Chief World Systems–Ptolemaic and Copernican.* Translated by Stillman Drake. Berkeley: University of California Press, 1967.

________________. *Discourse on Bodies in Water.* Translated by Thomas Salusbury. Edited by Stillman Drake. Urbana: University of Illinois Press, 1960.

______________. *Discoveries and Opinions of Galileo, translated with an introduction and notes by Stillman Drake.* Garden City, NY: Doubleday & Co., 1957.

______________. *Galileo Galilei Sidereus Nuncius. Traduzione con Testo a Fronte e Note di Maria Timpanaro Cardini.* Florence: Sansoni, 1948.

______________. *Galileo Galilei Sidereus Nuncius Nachricht von neuen Sternen. Dialog über die Weltsysteme (Auswahl). Vermessung der Hölle Dantes. Marginalien zu Tasso. Herausgegeben und eingeleitet von Hans Blumenberg.* Frankfurt am Main: Insel Verlag, 1965.

______________. *El Mensajero de los Astros.* Translated by José Fernandes Chitt. Introduction by José Babini. Buenos Aires: Editorial Universitaria de Buenos Aires, 1964.

______________. *Le Messager céleste.* Translated by Alexandre Tinelis, Abbé de Castelet. Paris, 1681.

______________. *Le Opere di Galileo Galilei.* Edizione Nazionale, 20 vols. Edited by Antonio Favaro. Florence: G. Barbera, 1890~1909; reprinted 1929~1939, 1964~1966.

______________. *The Sidereal Messenger of Galileo Galilei and a Part of the Preface to Kepler's Dioptrics containing the original account of Galileo's astronomical discoveries. A translation with introduction and notes by Edward Stafford Carlos.* London, 1880; London: Dawson's of Pall Mall, 1960.

______________. *Sidereus Nuncius; le message céleste. Texte établi et trad. par*

Émile Namer. Paris: Gauthier-Villars, 1964.

____________. *Sidereus Nuncius Magna, Longeque Admirabilia Spectacula pandens, suspiciendaque proponens unicuique, praesertim vero Philosophis, atque Astronomis, quae a Galileo Galilei Patritio Florentino Patavini Gymnasij Publico Mathematico Perspicilli Nuper a se reperti beneficio sunt observata in Lunae Facie, Fixis Innumeris, Lacteo Circulo, Stellis Nebulosis, Apprime vero in Quatuor Planetis Circa Iovis Stellam disparibus intervallis, atque periodis, celeritate mirabili circumvolutis; quos, nemini in hanc usque diem cognitos, novissime e Author depraehendit primus; atque Medicea Sidera Nuncupandos Decrevit.* Venice, 1610.

Geyl, Pieter. *The Netherlands in the Seventeenth Century. Part I. 1609–1648.* London: Ernest Benn, 1961.

Gingerich, Owen. "Discovery of the Satellites of Mars." *Vistas in Astronomy* 22 (1978): 127~132. Reprinted in *The Great Copernicus Chase.* Edited by Owen Gingerich. Cambridge: Cambridge University Press, 1988.

____________. "Dissertatio cum Professore Righini at Sidereo Nuncio." In *Reason, Experiment, and Mysticism in the Scientific Revolution,* edited by Maria Luisa Righini Bonelli and William R. Shea, 77~88. New York: Science History Publications, 1975.

____________. "The Mysterious Nebulae, 1610~1924." *Journal of the Royal Astronomical Society of Canada* 81 (1987): 113~127.

____________. "Phases of Venus in 1610." *Journal for the History of*

Astronomy 15 (1984): 209~210.

____________. "The Satellites of Mars: Prediction and Discovery." *Journal for the History of Astronomy* 1 (1970): 109~115.

Grendler, Paul F. "The Roman Inquisition and the Venetian Press, 1540~1605." *Journal of Modern History* 47 (1975): 48~65. Reprinted in *Culture and Censorship in Late Renaissance Italy and France.* London: Variorum Reprints, 1981.

Gundel, Hans Georg, and Wilhelm Gundel. *Astrologumena: Die Astrologische Literatur in der Antike unde ihre Geschichte.* Beiheft 6. Sudhoffs Archiv. Wiesbaden: Franz Steiner, 1966.

Gundel, Wilhelm, and Hans Georg Gundel. *Astrologumena: Die Astrologische Literatur in der Antike unde ihre Geschichte.* Beiheft 6. Sudhoffs Archiv. Wiesbaden: Franz Steiner, 1966.

Hale, J. R. *Florence and the Medici: The Pattern of Control.* London: Thames & Hudson, 1977.

Handelman, George H., and Jane F. Koretz. "How the Human Eye Focuses." *Scientific American* 259, no. 1(July 1988): 92~99.

Harriot, Thomas. Harriot Papers. West Sussex Record Office, Chichester, West Sussex. Perworth MSS HMC 241/4.

Harrison, Thomas G. "The Orion Nebula: Where in History Is It?" *Quarterly Journal of the Royal Astronomical Society* 25 (1984): 65~79.

Horky, Martinus. *Brevissima peregrinatio contra nuncium sidereum unper ad omnes philosophos et mathematicos emissum a Galileo Galilaeo.*

Bologna, 1610. In *Le Opere di Galileo Galileo*, Edizione Nazionale, edited by Antonio Favaro, 3: 129~145. Florence, 1890~1909; reprinted 1929~1939, 1964~1966.

Hossenfelder, Malte. Hans Blumenberg.

Hughes, David W. "Was Galileo 2,000 Years Too Late?" *Nature*. 296 (18 March 1982): 199.

Humbert, Pierre. *Un amateur: Peiresc, 1580~1637*. Paris: Desclée, de Brouwer et cie., 1933.

________________. "Joseph Gaultier de La Valette, astronome provençal (1564~1647)." *Revue d'histoire des sciences et de leurs applications I* (1948): 314~322.

Jaki, Stanley L. *The Milky Way: An Elusive Road to Science*. New York: Science History Publications; Newton Abbot: David & Charles, 1973.

Ilardi, Vincent. "Eyeglasses and Concave Lenses in Fifteenth–Century Florence: New Documents". *Renaissance Quarterly 29* (1976): 341~360.

Humbert, Pierre. *Joannis Kepler astronomi opera omnia*. Edited by C. Frisch. 8 vols. Frankfurt and Erlangen, 1858~1871.

Humbert, Pierre. *Johannes Kepler Gesammelte Werke*. Vols. 1~10, 13~19. Munich: C. H. Beck, 1937~.

Humbert, Pierre. *Kepler's Conversation with Galileo's Sidereal Messenger*. Translated by Edward Rosen. New York: Johnson Reprint Corp., 1965.

Humbert, Pierre. *Kepler's Dream*. Translated by John Lear. Berkeley: University of California Press, 1965.

Humbert, Pierre. *Kepler's Somnium.* Translated by Edward Rosen. Madison: University of Wisconsin Press, 1967.

Klug, Joseph. "Simon Marius aus Gunzenhausen und Galileo Galilei." *Abhandlugen der II. Klasse der Königlichen Akademie der Wissenschaften 22* (1906): 385~526.

Koretz, Jane F., and George H. Handelman. "How the Human Eye Focuses." *Scientific American 259*, no. 1 (July 1988): 92~99.

Koyré, Alexandre. *From the Closed World to the Infinite Universe.* Baltimore: Johns Hopkins University Press, 1957; New York: Harper & Row, 1958.

Lear, John. *Kepler's Dream.* Berkeley: University of California Press, 1965.

Leonardo da Vinci. *Codex Leicester-Hammer.* In Jane Roberts, *Le Codex Hammer de Léonard de Vinci, les eaux, la terre, l'univers.* Paris: Jacquemart-André, 1982.

Marius, Simon. *Mundus Iovialis.* Nuremberg, 1614. Translated by A. O. Prickard. In "The Mundus Jovialis of Simon Marius." *Observatory* 39 (1916): 367~381, 403~412, 443~452, 498~503.

Meeus, Jean. "Galileo's First Records of Jupiter's Satellites." *Sky and Telescope* 24 (1962): 137~139.

Namer, Emile. *Sidereus Nuncius; le message céleste. Texte établi et trad. par Émile Namer.* Paris: Gauthier-Villars, 1964.

North, John D. "Thomas Harriot and the First Telescopic Observations of Sunspots." In *Thomas Harriot; Renaissance Scientist*, edited by John W. Shirley, 129~165. Oxford: Clarendon Press, 1974.

O'Malley, C. D., and Stillman Drake, eds., trans. *The Controversy on the Comets of 1618.* Philadelphia: University of Pennsylvania Press, 1960.

Oudemans, J. A. C., and J. Bosscha. "Galilée et Marius." *Archives Néerlandaises des Sciences Exactes et Naturelles,* series 2, 8 (1903): 115~189.

Pedersen, Olaf. "Sagredo's Optical Researches." *Centaurus 13* (1968): 139~150.

Peck, Bertrand M. *The Planet Jupiter.* London: Faber & Faber, 1958.

Peters, Williams T. "The Appearances of Venus and Mars in 1610." *Journal for the History of Astronomy*15 (1984): 211~214.

Peurbach, Johannes. *Theoricae Novae Planetarum.* Edited by Erasmus Reinhold. Wittenberg, 1553.

Propertius, Sextus. *The Elegies of Propertius.* Translated by E. H. W. Meyerstein. London: Oxford University Press, 1935.

Ptolemy. *Ptolemy's Almagest.* Translated by G. J. Toomer. London: Duckworth, 1984.

Righini, Guglielmo. *Contributo alla Interpretazione Scientifica dell'Opera Astronomica di Galileo.* Monograph 2, *Annali dell'Istituto e Museo di Storia della Scienza.* Florence, 1978.

______________. "New Light on Galileo's Lunar Observations." In *Reason, Experiment, and Mysticism in the Scientific Revolution,* edited by Maria Luisa Righini Bonelli and William R. Shea, 59~76. New York: Science History Publications, 1975.

Risner, Friedrich. *Opticae Thesaurus*. Basel, 1572; New York: Johnson Reprint Corp., 1972.

Roberts, Jane. *Le Codex Hammer de Léonard de Vinci, les eaux, la terre, l'univers*. Paris: Jacquemart-André, 1982.

Robinson, Wade L. "Galileo on the Moons of Jupiter." *Annals of Science* 31 (1974): 165~169.

Roche, John. "Harriot, Galileo, and Jupiter's Satellites." *Archives internationales d'histoire des sciences* 32 (1982): 9~51.

Roffeni, Antonio. *Epistola apologetica contra caecam peregrinationem cuiusdam furiosi Martini, cognomine Horkij editam adversus nuntium sidereum*. Bologna, 1610. In *Le Opere di Galileo Galilei*, Edizione Nazionale, edited by Antonio Favaro, 3: 191~200. Florence, 1890~1909; reprinted 1929~1939, 1964~1966.

Rosen, Edward. "The Authenticity of Galileo's Letter to Landucci." *Modern Language Quarterly 12* (1951): 473~486.

____________. "Did Galileo Claim He Invented the Telescope?" *Proceedings of the American Philosophical Society 98* (1954): 304~312.

____________. "Galileo on the Distance between the Earth and the Moon," *Isis* 43 (1952): 344~348.

____________. "The Invention of Eyeglasses." *Journal for the History of Medicine and Allied Sciences II* (1956): 13~46, 183~218.

____________. *Kepler's Conversation with Galileo's Sidereal Messenger*. New York: Johnson Reprint Corp., 1965.

____________. *Kepler's Somnium.* Madison: University of Wisconsin Press, 1967.

____________. *The Naming of the Telescope.* New York: Henry Schuman, 1947.

____________. "*Stillman Drake's Discoveries and Opinions of Galileo.*" *Journal for the History of Ideas* 48 (1957): 439~448.

____________. "The Title of Galileo's Sidereus Nuncius." *Isis* 41 (1950): 287~289.

Sarpi, Paolo. *Fra Paolo Sarpi, Lettere ai Protestanti.* Edited by Manlio Duilio Busnelli. 2 vols. Bari: Gius. Laterza & Figli, 1931.

Schevill, Ferdinand. *The Medici.* New York: Harcourt, Brace & Co., 1949; New York: Harper, 1960.

Shea, William, and Maria Luisa Righini Bonelli. eds. *Reason, Experiment and Mysticism in the Scientific Revolution.* New York: Science History Publications, 1975.

The Sidereal Messenger. Edited by W. W. Payne. Vols. 1~10. Northfield, Minnesota, 1882~1891. Vols. 11~13 (1892~1894) are entitled *Astronomy and Astro-Physics.* Edited by W. W. Payne and D. E. Hale. Superseded by *Astrophysical Journal.*

The Sidereal Messenger, a monthly journal devoted to astronomical science. Edited by O. M. Mitchel. Vols. 1~2, vol. 3, nos. 1~2. Cincinnati, 1846~1848.

Sirturi, Girolamo. *Telscopium: Sive ars perficiendi.* Frankfurt, 1618.

Suetonius. *The History of Twelve Caesars translated into English by*

Philemon Holland anno 1606. 2 vols. London: David Nutt, 1899.

Swift, Jonathan. *Gulliver's Travels.* In *The Prose Works of Jonathan Swift,* 14 vols. edited by Herbert Davis, vol. 13. Oxford: Basil Blackwell, 1939~1968.

Tinelis, Alexandre, Abbé de Castelet. *Le messenger céleste.* Paris, 1681.

Tuckerman, Briant. *Planetary, Lunar and Solar Positions A. D. 2 to A. D. 1649 at Five-Day and Ten-Day Intervals.* American Philosophical Society, *Memoirs 59* (1964).

Van Helden, Albert. "'Annulo Cingitur': The Solution of the Problem of Saturn." *Journal for the History of Astronomy* 5 (1974): 155~174.

________________. *The Invention of the Telescope.* American Philosophical Society, *Transactions* 67, part 4 (1977).

____________________. *Measuring the Universe: Cosmic Dimensions from Aristarchus to Halley.* Chicago: University of Chicago Press, 1985.

____________. "Saturn and His Anses". *Journal for the History of Astronomy* 5 (1974): 105~121.

Vitello. *Perspectiva.* In *Opticae Thesaurus.* Edited by Friedrich Risner. Basel, 1572; New York: Johnson Reprint Corp., 1972.

Westfall, Richard S. "Science and Patronage: Galileo and the Telescope." *Isis* 76 (1984): 11~30.

Westman, Robert S. "The Astronomer's Role in the Sixteenth Century: A Preliminary Study." *History of Science* 18 (1980): 105~147.

Whitaker, Ewen. "Galileo's Lunar Observations and the Dating of the Composition of 'Sidereus Nuncius.'" *Journal for the History of Astronomy*

9 (1978): 155~169.

Witelo. *Optica(Perspectiva)*. In *Opticae Thesaurus.* Edited by Friedrich Risner. Basel, 1572; New York: Johnson Reprint Corp., 1972.

Wodderburn, John. *Quatuor Problematum quae Martinus Horky contra Nuntium Sidereum de quatuor planetis novis disputanda proposuit.* Padua 1610. In *Le Opere di Galileo Galilei, Edizione Nazionale,* edited by Antonio Favaro, 3: 147~178. Florence, 1890~1909; reprinted 1929~1939, 1964~1966.

Xi Ze–zong. "The Sighting of Jupiter's Satellite by Gan De 2000 Years before Galileo." *Chinese Astronomy and Astrophysics 5* (1981): 242~243.

갈릴레오 갈릴레이 연보

1562년 7월 5일, 피렌체의 빈센초 갈릴레이Vincenzo Galilei가 페스치아Pescia의 쥴리아 데글리 아마나티Giulia degli Ammannati와 결혼하여 피사에 정착.

1564년 2월 15일, 장남 갈릴레오가 태어남.

1574년 가족이 모두 피렌체로 돌아옴.

1581년 9월, 갈릴레오가 피사대학에 입학.

1583년 갈릴레오가 피사 성당의 천정에서 움직이고 있는 추를 보고 진자의 등시성 운동의 수식을 만듦. 수학자 오스틀리오 리치Ostilio Ricci 밑에서 수학을 공부함.

1585년 4년간의 공부를 마쳤으나 대학에서 학위를 받지 않고 집으로 돌아옴.

1586년 갈릴레오가 아리스토텔레스보다는 아르키메데스의 이론을 따라 물리문제를 풀기 시작.

1585~1589년 피렌체와 시에나에서 가정교사를 시작함.

1588년	빈센초 갈릴레이가 줄의 장력과 음의 높이에 대한 실험을 함. 갈릴레오가 피사대학에서 강의를 시작함.
1591년	빈센초 갈릴레이 사망.
1597년	군용 나침반 발명.
1599년	마리나 감바Marina Gamba와 동거를 시작.
1600년	8월 13일, 첫째 딸 마리아 셀레스테Maria Celeste가 출생.
1604년	낙하 물체에 대한 실험을 함. 10월 10일, 파도바에서 초신성이 관측됨. 갈릴레오가 처음으로 초신성을 관측함.
1605년	1월, 파도바대학교에서 초신성에 대한 강의를 함.
1606~1607년	열 측정계를 발명.
1607~1608년	투사체가 포물선을 그리며 떨어지는 것을 발견.
1608년	10월, 한스 리페르세이가 망원경에 대한 특허를 출원.
1609년	코시모 드 메디치 2세가 토스카나의 대공이 됨. 요하네스 케플러가 『새로운 천문학』을 출간함. 갈릴레오가 8배율 망원경을 베네치아 원로원에 제출. 이해 가을부터 갈릴레오가 천체 관측을 시작하여, 11월 30일부터 12월 19일까지 달을 관측함.
1610년	1월 15일, 목성의 위성 4개를 발견. 3월, 『시데리우스 눈치우스』가 출간됨. 4월, 케플러가 그의 발견을 지지하는 편지를 보냄. 7월, 토성에서 이상한 것을 발견. 11월, 영국에서 토머스 해리엇이 목성의 위성을 발견함. 12월, 금성의 위상 변화를 관측.
1610~1611년	로도비코 델레 콜롬베가 갈릴레오의 발견을 반박.

1611년	3월, 갈릴레오 로마에 도착. 4월, 예수회 신부들인 수학자들이 갈릴레오의 관측 결과를 증명함. 갈릴레오가 링크스 아카데미에 가입함. 5월, 종교 재판소가 갈릴레오의 편지를 검열하기로 결정. 6월, 독일에서 요하네스 파브리시우스가 흑점에 대한 책을 출간함.
1615년	12월, 갈릴레오가 코페르니쿠스의 생각을 변호하러 로마에 감.
1616년	2월, 종교 재판소가 코페르니쿠스의 이론을 말하지 말 것을 지시하고, 갈릴레오를 가택 연금함.
1621년	1월, 갈릴레오가 피오렌차 아카데미의 고문으로 추대.
1624년	4월, 교황 우르반 8세가 갈릴레오에게 코페르니쿠스의 이론을 수학적으로만 다룬다는 조건으로 말하는 것을 허락.
1630년	요하네스 케플러 사망. 2월, 교황 우르반 8세가 갈릴레오에게 연금을 제공. 4월, 갈릴레오가 『프톨레마이오스와 코페르니쿠스의 두 세계관에 관한 대화』를 탈고.
1632년	2월, 『대화』의 인쇄가 끝남. 여름, 우르반 8세에 의해 『대화』의 배포가 금지됨. 9월, 갈릴레오가 종교 재판소에 회부됨.
1633년	4월, 갈릴레오가 코페르니쿠스의 이론을 너무 강하게 주장했다고 시인함. 6월, 우르반 8세가 갈릴레오에게 무기징역으로 판결하기를 결정하였음.
1634년	4월, 갈릴레오의 딸, 마리아 셀레스테 사망함.

1637년	11월, 갈릴레오가 달의 칭동 현상을 발견했다고 발표함.
1638년	1월, 갈릴레오가 시력을 완전히 잃음. 7월, 『두 개의 신과학에 관한 수학적 논증과 증명』이 출간됨. 8월, 네덜란드의 총독이 금고리를 선물하지만 우르반 8세가 주었다는 이유로 받기를 거부함.
1642년	1월 8일, 아르체트리Arcetri에서 79세로 사망.

현대 천문학자가 생각하는 갈릴레오

–장헌영 (경북대학교 천문대기과학과 교수)

2009년은 국제천문연맹(IAU)과 UN이 정한 '세계 천문의 해'이다. 갈릴레오가 망원경을 사용해 천체를 관측하고 그 결과를 『시데레우스 눈치우스』에 발표한 것을 기념하기 위해서이다.

갈릴레오 갈릴레이(1564~1642)라고 하면 '종교 재판'이라는 단어를 제일 먼저 떠올리게 된다. 그러나 실제로 이 재판은 "과학이 종교와 배치되는가"라는 문제가 아니라 "코페르니쿠스의 지동설을 실제인 것으로 계속 지지할 것인가"라는 문제를 놓고 벌어진 것이었다. 즉, 그것은 성경의 잘못된 해석을 가지고 자기들의 철학을 지키려 했던 중세 아리스토텔레스 학파 철학자들과의 싸움이었다. 물론, 1632년에 출간된 『프톨레마이오스와 코페르니쿠스의 두 세계관에 관한 대화』라는 책에서 갈릴레오가 교황이 가장 좋아하던 주장을 비꼬아 놓음으로써, 결국엔 자신을 옹호하던 가톨릭 교회의 지지 기반을 잃게 된 것도 사실이다.

당시의 과학자들 가운데서도 수학적으로 코페르니쿠스의 지동설을 인정한 사람들도 물론 있었지만, 그들은 수학과 자연을 하나로 보지 않았다는 점에서 갈릴레오와는 다르다. 그들은 수학적으로는 코페르니쿠스의 지동설이 가능하지만, 실제 자연은 그 수학적 의미와 관계가 없다고 생각했다. 반면, 갈릴레오는 자연이 수학적이며 수학은 자연의 언어이기 때문에, 자연을 이해하는 데 있어서 수학이 열쇠가 될 수 있다고 믿었다.

오염되지 않은 감각으로 인지되는 것들만 '자연과학'으로 인정하던 중세 아리스토텔레스 학파 철학자들에게, '순수 수학'이 자연을 이해하는 도구가 될 수 있다는 것은, 결코 받아들일 수 없는 새로운 철학이었던 것이다. 당시 사람들이 처음에 망원경을 사용해서 얻은 관측결과를 믿지 않았던 것도 마찬가지 이유에서였다. 이런 의미에서 갈릴레오는 어떻게 추상적 수학적 개념이 관측과 세심한 측정을 통해 자연을 이해하는 데 하나가 될 수 있는지를 우리에게 보여 준 셈이다.

갈릴레오는 망원경으로 천체를 관측하여 당시 철학계를 지배하던 아리스토텔레스 학파의 철학자들을 당황하게 만들었을 뿐만 아니라, 역학 등 과학의 여러 분야에 수많은 기여를 한 위대한 과학자이며 철학자이다.

갈릴레오는 자유 낙하하는 물체의 낙하 거리가 시간의 제곱에 비례한다는 것, 즉, 낙하하는 비율이 항상 일정하다는 것을 발견하였다. 또한 진폭과 관계없이 움직이는 추의 주기는 추의 길이에만 비례한다는 것을 발견하였다. 투사체의 운동에 관한 연구로 역학 분야에도 큰 기여를 했다. 유명한 피사의 사탑에서 물체의 낙하실험을 했다는 전설적인 이야기도 있다.

『갈릴레오가 들려주는 별 이야기』에서 소개하고 있는 바와 같이, 천문학의 분야에서 갈릴레오는 인류 역사상 최초로 망원경을 사용하여 천체를 관측했고, 이 관측으로 목성의 네 위성과 많은 별들로 이루어져 있는 은하수와 성운들, 지구의 표면과 비슷한 달의 표면, 금성의 위상변화, 토성의 띠, 태양 흑점, 초신성 등을 발견하였다. 그뿐만 아니라 망원경을 응용하여 작은 물체를 볼 수 있도록 개발한 초기 형태의 현미경을 만들었으며, 열역학과 자기장에 관한 연구에도 많은 노력을 기울였다.

그의 아버지는 음악가이자 상인이었다. 일곱 자녀 중 장남으로 태어난 갈릴레오는 의학과 수학을 공부한 후, 가족의 생계를 위해 수학 가정교사로 일했다. 군용 나침반과 다른 기구들을 만들어 팔아야 할 만큼 어렵게 살았던 그는, 언제나 연구할 수 있는 시간을 더 많이 갖고 안정된 생활을 할 수 있는 그런 직장을 찾았다. 당시 유통된 소형 망원경을 천체 관측에 사용할 수 있을 정도의 정밀 도구로 개량한 것도 이런 이유에서 시작된 것이다. 그러나 물론 그는 단순히 돈벌이에만 신경을 쓴 것은 아니었다.

유럽 대륙에 처음으로 갈릴레오의 이름을 널리 알리게 된 것은 바로 『시데레우스 눈치우스』라는 천체 관측 결과에 관한 보고서 형태의 소책자 때문이었다. 이 소책자에는 그때까지 아무도 상상할 수 없었던 하늘의 비밀을 담고 있었다. 그뿐만 아니라, 이 관측 결과는 당시 소수만이 인정한 코페르니쿠스의 우주론을 결정적으로 지지하는 것이었다. 지금은 누구나 이 사실을 알고 있지만, 갈릴레오가 이 책을 처음 쓸 당시에는 아주 획기적인 일이었으며, 책을 쓴 사람이나 읽는 사람 모두가 흥분할 만큼 새로운 발견이었다.

이런 감동이 그대로 묻어 있는 고전을 직접 대할 수 있다는 것은 과학에 관심을 갖기 시작하는 학생들에게 유익한 일이라 생각하여 『시데레우스 눈치우스』의 완역본을 내놓게 되었다. 갈릴레오가 이후에 쓴 『프톨레마이오스와 코페르니쿠스의 두 세계관에 관한 대화』와 『두 개의 신과학에 관한 수학적 논증과 증명』이라는 책과 더불어 17세기 과학의 르네상스 시대를 여는 주된 역할을 한 이 책이, 21세기에 사는 독자들에게도 그때의 감동을 그대로 전해 줄 뿐만 아니라, 과학을 공부하는 즐거움까지도 함께 느끼게 해 줄 것이다.

과학을 좋아하는 사람에게 가장 큰 벌은 과학을 공부하지 못하는 것이다. 과학적 생각과 실험을 할 수 없는 것이 과학자에게는 가장 큰 불행이다. 하늘을 보고 싶은데 고개를 들 수 없는 고통을 겪어 보지 않은 사람은 모를 것이다. 갈릴레오는 바로 그런 고통을 받았던 사람이다. 종교적 믿음 때문에 자기 목숨을 버려야 했던 시대가 있었다면, 자신이 발견한 우주의 비밀을 말할 수 없도록 강요당한 사람이 바로 갈릴레오 갈릴레이였다. 그러나 우리가 사는 이 시대는 과거에 비해 자유롭고 종교적, 과학적 주장을 굽히지 않는다고 해서 고통을 당하지는 않는다. 그러나 요즘도 이런저런 이유로, 과학을 하고 싶어도 할 수 없는 경우가 있어 여간 안타까운 일이 아닐 수 없다.

하지만 이보다 더욱 안타까운 것이 있다면 오히려 자신을 버티고 있는, 혹은 자신이 지지하고 있는 철학적 근거 없이 과학을 하는 일일 것이다. 자기가 믿는 것 때문에 심판을 받지는 않는 시대가 되었기 때문에 자기가 무엇을 믿어도 상관없는 시대가 된 것이다. 불합리한 편견이 없어졌지만, 그렇기 때문에 자기의 목숨을 걸고 하지 않아도 되는 그런 밋밋한 과학이 되어 버린 것이다. 우리 나라의 과학자 가운데 위대한 철학자가 나오지 않았다면, 그 이유는 오히려 과학을 단순히 기술이나 취미로 생각해서(심지어 이런 생각조차 없이) 아무런 철학 없이 남이 하는 것을 흉내 내고 가시적 결과만을 만들어 내려는 사조 아닌 사조 때문이 아닌가 생각된다. 숫자의 크고 작음 때문이 아니라, 어떠한 철학적 배경이 그 이론에 깔려 있는가 하는 것이 쟁점이 되어야 한다. 우리가 알고 있는 위대한 과학자들은 모두 새로운 이론을 새로운 철학 위에 세운 사람들이다. 목숨을 걸고서라도 지키고 싶은 철학 위에 과학을 세워야 진정한 과학을 하는 것이 아닐까.

이 책을 통해, 설령 끼니를 굶는다 해도 과학을 하겠다는 과학자들이 많이 생겨났으면 하는 개인적인 바람을 가져 본다. 조물주의 작품을 자기 자신만의 눈으로 살펴볼 수 있다는 것은 얼마나 획기적이고 즐거운 일인지 아는 과학자들이 많이 생겼으면 하는 바람이다.

먼저 이 책을 출판할 수 있도록 허락해 주신 도서출판 승산의 황승기 사장님과 많은 도움을 준 직원 여러분께 감사의 마음을 전한다. 번역을 끝낼 수 있도록 도와준 손건호, 황혁기, 그리고 원고를 읽어 준 최정아에게도 감사의 뜻을 전한다. 늘 나와 함께 하는 사랑하는 가족 이수연, 장예린, 장예원에게도 고마움을 전하고 싶다.

찾아보기

* n이 붙은 쪽수는 '후주'에 나온 것입니다.

ㄷ

ㄹ

ㅁ

ㅂ

ㅊ

ㅋ

ㅍ

ㅎ

도서출판 승산에서 만든 책들

19세기 산업은 전기 기술 시대, 20세기는 전자 기술(반도체) 시대, 21세기는 양자 기술 시대입니다. 미래의 주역인 청소년들을 위해 21세기 **양자 기술**(양자 암호, 양자 컴퓨터, 양자 통신 같은 양자정보과학 분야, 양자 철학 등) 시대를 대비한 수학 및 양자 물리학 양서를 계속 출간하고 있습니다.

열정적인 천재, 마리 퀴리: 마리 퀴리의 내면세계와 업적 <GREAT DISCOVERIES>

바바라 골드스미스 지음 | 김희원 옮김 | 296쪽 | 15,000원

수십 년 동안 공개되지 않았던 일기와 편지, 연구 기록, 그리고 가족과의 인터뷰 등을 통해 바바라 골드스미스는 신화에 가린 마리 퀴리를 드러낸다. 눈부신 연구 업적과 돌봐야 할 가족, 사회에 대한 편견, 그녀 자신의 열정적인 본성 사이에서 끊임없이 갈등을 느끼고 균형을 잡으려 애썼던 너무나 인간적인 여성의 모습이 그것이다. 이 책은 퀴리의 뛰어난 과학적 성과, 그리고 명성을 위해 치러야 했던 대가까지 눈부시게 그려 낸다.

너무 많이 알았던 사람: 앨런 튜링과 컴퓨터의 발명 <GREAT DISCOVERIES>

데이비드 리비트 지음 | 고중숙 옮김 | 408쪽 | 18,000원

튜링은 제2차 세계대전 중에 독일군의 암호를 해독하기 위해 '튜링기계'를 성공적으로 설계하고 제작하여 연합군에게 승리를 보장해 주었고 컴퓨터 시대의 문을 열었다. 또한 반동성애법을 위반했다는 혐의로 체포되기도 했다. 저자는 소설가의 감성을 발휘하여 튜링의 세계와 특출한 이야기 속으로 들어가 인간적인 면에 대한 시각을 잃지 않으면서 그의 업적과 귀결을 우아하게 파헤친다.

오일러 상수 감마

줄리언 해빌 지음 | 프리먼 다이슨 서문 | 고중숙 옮김 | 416쪽 | 20,000원

수학의 중요한 상수 중 하나인 감마는 여전히 깊은 신비에 싸여 있다. 줄리언 해빌은 여러 나라와 세기를 넘나들며 수학에서 감마가 차지하는 위치를 설명하고, 독자들을 로그와 조화급수, 리만 가설과 소수 정리의 세계로 끌어들인다.

신중한 다윈 씨: 찰스 다윈의 진면목과 진화론의 형성 과정 <GREAT DISCOVERIES>

데이비드 쾀멘 지음 | 이한음 옮김 | 352쪽 | 17,000원

찰스 다윈과 그의 경이롭고 두려운 생각에 관한 이야기. 데이비드 쾀멘은 다윈이 비글호 항해 직후부터 쓰기 시작한 비밀 '변형' 공책들과 사적인 편지들을 토대로 꼼꼼하게 인간적인 다윈의 초상을 그려 내는 한편, 그의 연구를 상세히 설명한다. 기존의 다윈 책들은 학자가 다른 학자들을 대상으로 쓴 것이 많았지만 이 책은 모든 이에게 다윈을 바로 알리기 위해 쓰였다. 역사상 가장 유명한 야외 생물학자였던 다윈의 삶을 읽고 나면 '다윈주의'라는 용어에 두 번 다시 두려움과 서늘함을 느끼지 않을 것이다.

한국간행물윤리위원회 선정 '2008년 12월 이달의 읽을 만한 책'

〈KBS TV 책을 말하다〉 2009년 1월 테마북 선정

초끈이론의 진실: 이론 입자물리학의 역사와 현주소

피터 보이트 지음 | 박병철 옮김 | 456쪽 | 20,000원

초끈이론은 탄생한 지 20년이 지난 지금까지도 아무런 실험적 증거를 내놓지 못하고 있다. 그 이유는 무엇일까? 입자물리학을 지배하고 있는 초끈이론을 논박하면서 (그 반대진영에 있는) 고리 양자 중력, 트위스터 이론 등을 소개한다.

아이작 뉴턴

제임스 글릭 지음 | 김동광 옮김 | 320쪽 | 16,000원

'엄선된 자서전, 인간 뉴턴이 그늘에서 모습을 드러내다.'

'천재'와 '카오스'의 저자 제임스 글릭이 쓴 아이작 뉴턴의 삶과 업적! 과학에서 가장 난해한 뉴턴의 인생을 진지한 시선으로 풀어낸다.

파인만의 과학이란 무엇인가

리처드 파인만 강연 | 정무광, 정재승 옮김 | 192쪽 | 10,000원

'과학이란 무엇인가?' '과학적인 사유는 세상의 다른 많은 분야에 어떻게 영향을 미치는가?'에 대한 기지 넘치는 강연을 생생히 읽을 수 있다. 아인슈타인 이후 최고의 물리학자로 누구나 인정하는 리처드 파인만의 1963년 워싱턴대학교에서의 강연을 책으로 엮었다.

타이슨이 연주하는 우주 교향곡 1, 2권

닐 디그래스 타이슨 지음 | 박병철 옮김 | 1권 256쪽, 2권 264쪽 | 각권 10,000원

모두가 궁금해하는 우주의 수수께끼를 명쾌하게 풀어내는 책! 10여 년 동안 미국 월간지 〈유니버스〉에 '우주' 라는 제목으로 기고한 칼럼을 두 권으로 묶었다. 우주에 관한 다양한 주제를 골고루 배합하여 쉽고 재치 있게 설명해 준다.

안개 속의 고릴라

다이앤 포시 지음 | 최재천, 남현영 옮김 | 520쪽 | 20,000원

세 명의 여성 영장류 학자(다이앤 포시, 제인 구달, 비루테 갈디카스) 중 가장 열정적인 삶을 산 다이앤 포시. 이 책은 '산중의 제왕' 산악고릴라를 구하기 위해 투쟁하고 그 과정에서 목숨까지 버려야 했던 다이앤 포시가 우림지대에서 13년간 연구한 고릴라의 삶을 서술한 보고서이다. 영장류 야외 장기 생태 분야에서 값어치를 매길 수 없이 귀한 고전이다. 시고니 위버 주연의 영화 〈정글 속의 고릴라〉에서도 다이앤 포시의 삶이 조명되었다.

2008 대한민국학술원 기초학문육성 '우수학술도서' 선정

한국출판인회의 선정 '이 달의 책' (2007년 10월)

인류 시대 이후의 미래 동물 이야기

두걸 딕슨 지음 | 데스먼드 모리스 서문 | 이한음 옮김 | 240쪽 | 15,000원

인류 시대가 끝난 후의 지구는 어떻게 진화할까? 다윈도 예측하지 못한 신기한 미래 동물의 진화를 기후별, 지역별로 소개하여 우리의 상상력을 흥미롭게 자극한다. 책장을 넘기며 그림을 보는 것만으로도 이 책이 우리의 상상력을 얼마나 자극하는지 느낄 수 있을 것이다. 나아가 이 책은 단순히 호기심만 부추기는 데 그치지 않고, 진화 원리를 바탕으로 타당하고 예상 가능한 동물들을 제시하기에 설득력을 갖는다.

불완전성: 쿠르트 괴델의 증명과 역설
<GREAT DISCOVERIES>

레베카 골드스타인 지음 | 고중숙 옮김 | 352쪽 | 15,000원

독자적인 증명을 통해 괴델은 충분히 복잡한 체계, 요컨대 수학자들이 사용하고자 하는 체계라면 어떤 것이든 참이면서도 증명불가능한 명제가 반드시 존재한다는 사실을 밝혀냈다. 괴델이 보기에 이는 인간의 마음으로는 오직 불완전하게 헤아릴 수밖에 없는, 인간과 독립적으로 존재하는 영원불멸의 객관적인

진리에 대한 증거였다. 레베카 골드스타인은 소설가로서의 기교와 과학철학자로서의 통찰을 결합하여 괴델의 정리와 그 현란한 귀결들을 이해하기 쉽도록 펼쳐 보임은 물론 괴팍스럽고 처절한 천재의 삶을 생생히 그려 나간다.
간행물윤리위원회 선정 '청소년 권장 도서'

퀀트: 물리와 금융에 관한 회고

이매뉴얼 더만 지음 | 권루시안 옮김 | 472쪽 | 18,000원

'금융가의 리처드 파인만'으로 손꼽히는 금융가의 전설적인 더만! 그가 말하는 이공계생들의 금융계 진출과 성공을 향한 도전을 책으로 읽는다. 금융공학과 퀀트의 세계에 대한 다채롭고 흥미로운 회고. 수학자 제임스 시몬스는 70세의 나이에도 1조 5천억 원의 연봉을 받고 있다. 이공계생들이여, 금융공학에 도전하라!

허수: 시인의 마음으로 들여다본 수학적 상상의 세계

배리 마주르 지음 | 박병철 옮김 | 280쪽 | 12,000원

수학자들은 허수라는 상상하기 어려운 대상을 어떻게 수학에 도입하게 되었을까? 하버드대학교의 저명한 수학 교수인 배리 마주르는 우여곡절 많았던 그 수용과정을 추적하면서 수학에 친숙하지 않은 독자들을 수학적 상상의 세계로 안내한다. 이 책의 목적은 특정한 수학 지식을 설명하는 것이 아니라 수학에서 '상상력'이 필요한 이유를 제시하고 독자들을 상상하는 훈련에 끌어들임으로써 수학적 사고력을 확장시키는 것이다.

아인슈타인의 우주: 알베르트 아인슈타인의 시각은 시간과 공간에 대한 우리의 이해를 어떻게 바꾸었나 <GREAT DISCOVERIES>

미치오 카쿠 지음 | 고중숙 옮김 | 328쪽 | 15,000원

밀도 높은 과학적 개념을 일상의 언어로 풀어내는 카쿠는 이 책에서 인간 아인슈타인과 그의 유산을 수식 한 줄 없이 체계적으로 설명한다. 가장 최근의 끈이론에도 살아남아 있는 그의 사상을 통해 최첨단 물리학을 이해할 수 있는 친절한 안내서 역할을 할 것이다.

아인슈타인의 베일: 양자물리학의 새로운 세계

안톤 차일링거 지음 | 전대호 옮김 | 312쪽 | 15,000원

양자물리학의 전체적인 흐름을 심오한 질문들을 통해 설명하는 책. 세계의 비밀을 감추고 있는 거대한 '베일'을 양자이론으로 점차 들춰낸다. 고전물리학에서부터 최첨단의 실험 결과에 이르기까지, 일반 독자를 위해 쉽게 설명하고 있어 과학 논술을 준비하는 학생들에게 도움을 준다.

과학의 새로운 언어, 정보

한스 크리스천 폰 베이어 지음 | 전대호 옮김 | 352쪽 | 18,000원

양자역학이 보여 주는 '반직관적인' 세계관과 새로운 정보 개념의 소개. 눈에 보이는 것이 세상의 전부가 아님을 입증해 주는 '양자역학'의 세계와 현대 생활에서 점점 더 중요시하는 '정보'에 대해 친근하게 설명해 준다. IT산업에 밑바탕이 되는 개념들도 다룬다.

한국과학문화재단 출판지원 선정 도서

리만 가설: 베른하르트 리만과 소수의 비밀

존 더비셔 지음 | 박병철 옮김 | 560쪽 | 20,000원

수학의 역사와 구체적인 수학적 기술을 적절하게 배합시켜 '리만 가설'을 향한 인류의 도전사를 흥미진진하게 보여 준다. 일반 독자들도 명실공히 최고 수준이라 할 수 있는 난제를 해결하는 지적 성취감을 느낄 수 있을 것이다.

2007 대한민국학술원 기초학문육성 '우수학술도서' 선정

소수의 음악: 수학 최고의 신비를 찾아

마커스 드 사토이 지음 | 고중숙 옮김 | 560쪽 | 20,000원

소수, 수가 연주하는 가장 아름다운 음악! 이 책은 세계 최고의 수학자들이 혼돈 속에서 질서를 찾고 소수의 음악을 듣기 위해 기울인 힘겨운 노력에 대한 매혹적인 서술이다. 19세기 이후부터 현대 정수론의 모든 것을 다룬다. 일반인을 위한 '리만 가설', 최고의 안내서이다.

(저자 마커스 드 사토이는 180여 년 전통의 '영국왕립연구소 크리스마스 과학강연'을 한국에 옮겨 와 일산 킨텍스에서 열린 '대한민국 과학축전'에서 2007년 '8월의 크리스마스 과학강연'을 4회에 걸쳐 진행했으며 KBS TV에 방영되었다.)

제26회 한국과학기술도서상(번역부문), 2007 과학기술부 인증 '우수과학도서' 선정, 아 · 태 이론물리센터 선정 '2007년 올해의 과학도서 10권', 〈KBS 북 다이제스트〉 테마북 선정

평면기하학의 탐구문제들 제1권

프라소로프 지음 | 한인기 옮김 | 328쪽 | 값 20,000원

러시아의 저명한 기하학자 프라소로프 교수의 역작으로, 평면기하학을 정리나 문제해결을 통해 배울 수 있도록 체계적으로 기술한다. 이 책에 수록된 평면기하학의 정리들과 문제들은 문제해결자의 자기주도적인 탐구활동에 적합하도록 체계화했기 때문에 제시된 문제들을 스스로 해결하면서 평면기하학 지식의 확장과 문제해결 능력의 신장을 경험할 수 있을 것이다.

유추를 통한 수학탐구

P. M. 에르든예프, 한인기 공저 | 272쪽 | 18,000원

유추는 개념과 개념을, 생각과 생각을 연결하는 징검다리와 같다. 이 책을 통해 우리는 '내 힘으로' 수학하는 기쁨을 얻게 된다.

문제해결의 이론과 실제

한인기, 꼴랴긴 Yu. M. 공저 | 208쪽 | 15,000원

입시 위주의 수학교육에 지친 수학교사들에게는 '수학 문제해결의 가치'를 다시금 일깨워 주고, 수학논술을 준비하는 중등학생들에게는 진정한 문제해결력을 길러 줄 수 있는 수학 탐구서.

엘러건트 유니버스

브라이언 그린 지음 | 박병철 옮김 | 592쪽 | 20,000원

초끈이론과 숨겨진 차원, 그리고 궁극의 이론을 향한 탐구 여행. 초끈이론의 권위자 브라이언 그린은 핵심을 비껴가지 않고도 가장 명쾌한 방법을 택한다.

〈KBS TV 책을 말하다〉와 〈동아일보〉〈조선일보〉〈한겨레〉 선정 '2002년 올해의 책'

우주의 구조

브라이언 그린 지음 | 박병철 옮김 | 747쪽 | 28,000원

'엘러건트 유니버스'에 이어 최첨단의 물리를 맛보고 싶은 독자들을 위한 브라이언 그린의 역작! 새로운 각도에서 우주의 본질에 관한 이해를 도모할 수 있을 것이다.

〈KBS TV 책을 말하다〉 테마북 선정, 제46회 한국출판문화상(번역부문, 한국일보사), 아 · 태 이론물리센터 선정 '2005년 올해의 과학도서 10권'

블랙홀을 향해 날아간 이카루스(가제)

브라이언 그린 지음 | 박병철 옮김 (근간)

'엘러건트 유니버스', '우주의 구조' 저자인 브라이언 그린이 그리스 신화의 틀을 빌려 새로이 들려주는 SF동화. 밀랍으로 만든 날개로 태양을 향해 날아올랐던 이카루스가 이번에는 소형 우주선을 타고 신비의 블랙홀을 향해 과감한 여행을 시도한다. 아인슈타인의 빛나는 아이디어를 허블 천체망원경이 잡아낸 생생한 우주의 풍경과 함께 소개하는 이 책은 자라나는 아이들에게 과학에 대한 열정을 심어 주는 가장 탁월한 선택이 될 것이다. 영어 원문이 함께 실려 있어 독해력 향상에도 도움이 된다.

파인만의 물리학 강의 I

리처드 파인만 강의 | 로버트 레이턴, 매슈 샌즈 엮음 | 박병철 옮김 | 736쪽 | 양장 38,000원 | 반양장 18,000원, 16,000원(I - I , I - II로 분권)

40년 동안 한 번도 절판되지 않았던, 전 세계 이공계생들의 필독서, 파인만의 빨간 책.

2006년 중3, 고1 대상 권장 도서 선정(서울시 교육청)

파인만의 물리학 강의 II

리처드 파인만 강의 | 로버트 레이턴, 매슈 샌즈 엮음 | 김인보, 박병철 외 6명 옮김 | 800쪽 | 40,000원

파인만의 물리학 강의 I 에 이어 우리나라에서 처음으로 소개하는 파인만 물리학 강의의 완역본. 주로 전자기학과 물성에 관한 내용을 담고 있다.

파인만의 물리학 강의III

리처드 파인만 강의 | 로버트 레이턴 , 매슈 샌즈 엮음 | 정재승, 정무광, 김충구 옮김(근간)

오래 기다려 온 파인만의 물리학 강의 3권 완역본.

양자역학의 중요한 기본 개념들을 파인만 특유의 참신한 방법으로 설명한다.

파인만은 양자전기역학에 대한 연구로 노벨상을 받았을 만큼 양자역학에 대한 이해가 깊었다.

파인만의 물리학 길라잡이: 강의록에 딸린 문제 풀이

리처드 파인만, 마이클 고틀리브, 랠프 레이턴 지음 | 박병철 옮김 | 304쪽 | 15,000원

파인만의 강의에 매료되었던 마이클 고틀리브와 랠프 레이턴이 강의록에 누락된 네 차례의 강의와 음성 녹음, 그리고 사진 등을 찾아 복원하는 데 성공하여 탄생한 책으로, 기존의 전설적인 강의록을 보충하기에 부족함이 없는 참고서이다.

파인만의 여섯 가지 물리 이야기

리처드 파인만 강의 | 박병철 옮김 | 246쪽 | 양장 13,000원, 반양장 9,800원

파인만의 강의록 중 일반인도 이해할 만한 '쉬운' 여섯 개 장을 선별하여 묶은 책. 미국 랜덤하우스 선정 20세기 100대 비소설 가운데 물리학 책으로 유일하게 선정된 현대과학의 고전.

간행물윤리위원회 선정 '청소년 권장 도서'

파인만의 또 다른 물리 이야기

리처드 파인만 강의 | 박병철 옮김 | 238쪽 | 양장 13,000원, 반양장 9,800원

파인만의 강의록 중 상대성이론에 관한 '쉽지만은 않은' 여섯 개 장을 선별하여 묶은 책. 블랙홀과 웜홀, 원자 에너지, 휘어진 공간 등 현대물리학의 분수령인 상대성이론을 군더더기 없는 접근 방식으로 흥미롭게 다룬다.

일반인을 위한 파인만의 QED 강의

리처드 파인만 강의 | 박병철 옮김 | 224쪽 | 9,800원

가장 복잡한 물리학 이론인 양자전기역학을 가장 평범한 일상의 언어로 풀어낸 나흘간의 여행. 최고의 물리학자 리처드 파인만이 복잡한 수식 하나 없이 설명해 간다.

발견하는 즐거움

리처드 파인만 지음 | 승영조, 김희봉 옮김 | 320쪽 | 9,800원

인간이 만든 이론 가운데 가장 정확한 이론이라는 '양자전기역학(QED)'의 완성자로 평가받는 파인만. 그에게서 듣는 앎에 대한 열정.

문화관광부 선정 '우수학술도서', 간행물윤리위원회 선정 '청소년을 위한 좋은 책'

천재: 리처드 파인만의 삶과 과학

제임스 글릭 지음 | 황혁기 옮김 | 792쪽 | 28,000원

'카오스'의 저자 제임스 글릭이 쓴, 천재 과학자 리처드 파인만의 전기. 과학자라면, 특히 과학을 공부하는 학생이라면 꼭 읽어야 하는 책.
2006년 과학기술부인증 '우수과학도서', 아 · 태 이론물리센터 선정 '2006년 올해의 과학도서 10권'

영재들을 위한 365일 수학여행

시오니 파파스 지음 | 김흥규 옮김 | 280쪽 | 15,000원

재미있는 수학 문제와 수수께끼를 일기 쓰듯이 하루에 한 문제씩 풀어 가면서 논리적인 사고력과 문제해결능력을 키우고 수학언어에 친숙해지도록 하는 책. 더불어 수학사의 유익한 에피소드도 읽을 수 있다.

뷰티풀 마인드

실비아 네이사 지음 | 신현용, 승영조, 이종인 옮김 | 757쪽 | 18,000원

21세 때 MIT에서 27쪽짜리 게임이론의 수학 논문으로 46년 뒤 노벨경제학상을 수상한 존 내쉬의 영화 같았던 삶. 그의 삶 속에서 진정한 승리는 정신분열증을 극복하고 노벨상을 수상한 것이 아니라, 아내 앨리사와의 사랑으로 끝까지 살아남아 성장했다는 점이다.
간행물윤리위원회 선정 '우수도서', 영화 〈뷰티풀 마인드〉 오스카상 4개 부문 수상

우리 수학자 모두는 약간 미친 겁니다

폴 호프만 지음 | 신현용 옮김 | 376쪽 | 12,000원

83년간 살면서 하루 19시간씩 수학문제만 풀었고, 485명의 수학자들과 함께 1,475편의 수학논문을 써낸 20세기 최고의 전설적인 수학자 폴 에어디쉬의 전기.
한국출판인회의 선정 '이달의 책', 론-폴랑 과학도서 저술상 수상

무한의 신비

애머 악첼 지음 | 신현용, 승영조 옮김 | 304쪽 | 12,000원

고대부터 현대에 이르기까지 수학자들이 이루어 낸 무한에 대한 도전과 좌절. 무한의 개념을 연구하다 정신병원에서 쓸쓸히 생을 마쳐야 했던 칸토어와 피타고라스에서 괴델에 이르는 '무한'의 역사.

볼츠만의 원자

데이비드 린들리 지음 | 이덕환 옮김 | 340쪽 | 15,000원

19세기 과학과 불화했던 비운의 천재. 루트비히 볼츠만의 생애. 그리고 그가 남긴 과학이론의 발자취.

간행물윤리위원회 선정 '청소년 권장 도서'

스트레인지 뷰티: 머리 겔만과 20세기 물리학의 혁명

조지 존슨 지음 | 고중숙 옮김 | 608쪽 | 20,000원

20여 년에 걸쳐 입자물리학을 지배했던 탁월하면서도 고뇌를 벗어나지 못했던 한 인간에 대한 다차원적인 조명. 노벨물리학상을 받은 머리 겔만의 삶과 학문.

교보문고 선정 '2004년 올해의 책'

THE ROAD TO REALITY: A Complete Guide to the Laws of the Universe

로저 펜로즈 지음 | 박병철 옮김 (근간)

지금껏 출간된 책들 중 우주를 수학적으로 가장 완전하게 서술한 책. 수학과 물리적 세계 사이에 존재하는 우아한 연관관계를 복잡한 수학을 피해 가지 않으면서 정공법으로 설명한다. 우주의 실체를 이해하려는 독자들에게 놀라운 지적 보상을 제공한다.

Coincidences, Chaos, and All That Math Jazz: Making Light of Weighty Idea

에드워드 버거, 마이클 스타버드 지음 | 승영조 옮김 (근간)

무거운 개념을 '가볍게!' 우주 속에 숨겨진 수학 구조에 대한 깊은 지식을 재치 있는 코미디언의 감각과 버무려 놓았다. 우연의 일치와 카오스, 프랙털, 무한대 같은 묵직한 주제를 우리 일상의 이야기들로 풀어서 들려준다. 수학 애호가 외에도 퍼즐이나 신기한 문제에 사족을 못 쓰는 사람, 수학 공식이라면 진저리를 치는 일반인에게 두루 사랑받을 책이다.

갈릴레오가 들려주는 별이야기 – 시데레우스 눈치우스

1판 1쇄 펴냄 2004년 6월 11일
2판 1쇄 펴냄 2009년 3월 30일
2판 3쇄 펴냄 2019년 12월 3일

지은이 | **갈릴레오 갈릴레이**
해설 | 앨버트 반 헬덴
옮긴이 | 장헌영
펴낸이 | 황승기
편집 | 김윤주
마케팅 | 송선경
펴낸곳 | 도서출판 승산
등록날짜 | 1998년 4월 2일
주소 | 서울시 강남구 테헤란로34길 17 혜성빌딩 402호
대표전화 | 02–568–6111
팩시밀리 | 02–568–6118
전자우편 | books@seungsan.com

값 12,000원

ISBN 978–89–6139–022–4 03440